高职高专"十二五"规划教材

建 筑 设 备

主　编　郑敏丽

副主编　金云霄　张之光

参　编　张　宁　徐秀贤

主　审　王　丽

北　京

冶金工业出版社

2012

内 容 提 要

本书对建筑设备施工过程中的常用工程材料、管道加工和连接方法，各种建筑设备系统管道和设备的施工安装工艺、方法及技术要求进行了详细阐述，内容包括建筑给水、建筑排水、热水及燃气供应、采暖系统、通风与空气调节、建筑电气、建筑智能化系统7个项目。每个项目后配有复习思考题，便于读者掌握所学内容。

本书为高职高专院校建筑工程技术、建筑装饰、工程监理等专业的教材，也可供从事相关专业的工程技术、管理人员参考。

图书在版编目(CIP)数据

建筑设备/郑敏丽主编．—北京：冶金工业出版社，2012.5

高职高专"十二五"规划教材

ISBN 978-7-5024-5942-0

Ⅰ．①建…　Ⅱ．①郑…　Ⅲ．①房屋建筑设备—高等职业教育—教材　Ⅳ．①TU8

中国版本图书馆 CIP 数据核字(2012)第 089516 号

出 版 人　曹胜利
地　　址　北京北河沿大街嵩祝院北巷 39 号，邮编 100009
电　　话　(010)64027926　电子信箱　yjcbs@cnmip.com.cn
责任编辑　杨　敏　美术编辑　李　新　版式设计　葛新霞
责任校对　李　娜　责任印制　张祺鑫
ISBN 978-7-5024-5942-0
北京百善印刷厂印刷；冶金工业出版社出版发行；各地新华书店经销
2012 年 5 月第 1 版，2012 年 5 月第 1 次印刷
787mm×1092mm　1/16；13 印张；312 千字；197 页
25.00 元

冶金工业出版社投稿电话：(010)64027932　投稿信箱：tougao@cnmip.com.cn
冶金工业出版社发行部　电话：(010)64044283　传真：(010)64027893
冶金书店　地址：北京东四西大街 46 号(100010)　电话：(010)65289081(兼传真)
（本书如有印装质量问题，本社发行部负责退换）

前　言

本书是根据高职高专教育的特点，满足高职高专培养高技能人才的需求，针对高职高专建筑工程技术、建筑装饰、工程监理等专业而编写的。本书编写从培养技能型、应用型人才的目标出发，对基本理论的讲授以应用为目的，内容安排以必需和够用为度，注重学生实践能力的培养。在编写过程中，力求做到语言精练、概念准确、体系完整、重点突出。

本书由建筑给水、建筑排水、热水及燃气供应、采暖系统、通风与空气调节、建筑电气、建筑智能化系统7个项目组成，主要介绍建筑设备施工过程中的常用工程材料、管道加工和连接方法，各种建筑设备系统管道和设备的施工安装工艺、方法及技术要求。对近年来出现的新材料、新工艺以及新的设计与施工安装要求，结合新的设计及施工验收规范、标准作了重点阐述，使教材更具有实用性。希望通过本书的学习，学生能够掌握建筑设备工程专业的基本知识和操作技能，为今后从事建筑工程施工与管理工作打下坚实的基础。

本书由盘锦职业技术学院郑敏丽任主编，洛阳理工学院金云霄、辽宁建筑职业技术学院张之光任副主编，辽宁建筑职业技术学院王丽任主审。编写分工如下：项目1~项目3、项目4的任务4.1~任务4.4及附录由郑敏丽编写；项目4的任务4.5~任务4.7由金云霄编写；项目5由辽宁建筑职业技术学院张宁编写；项目6由张之光编写；项目7由盘锦职业技术学院徐秀贤编写。全书由郑敏丽统稿。

在编写过程中，设计、施工单位的许多具有丰富实践经验的专业技术人员给予的指导，使本书的内容更加合理、完善和实用，在此向他们表示衷心的感谢。

由于编者水平所限，书中不足之处，敬请读者批评指正。

编　者
2012 年 1 月

目　录

项目 1 建筑给水

任务 1.1 建筑给水系统概述

建筑给水系统是将城镇给水管网或自备水源给水管网的水引入室内，经配水管送至生活、生产和消防用水设备，并满足用水点对水量、水压和水质要求的冷水供应系统。

1.1.1 给水系统分类及水质要求

根据供水用途不同，建筑给水可分为以下三类基本系统：

（1）生活给水系统。生活给水系统供人们日常生活用水。按具体用途又分为：

1）生活饮用水系统。该系统供饮用、烹饪、盥洗、洗涤、沐浴等用水，水质应符合《生活饮用水卫生标准》（GB 5749—2006）的要求，见附录1。

2）管道直饮水系统。该系统供直接饮用和烹饪用水，水质应符合《饮用净水水质标准》（CJ 94—2005）的要求，见附录2。

3）生活杂用水系统。该系统供冲厕、绿化、洗车或冲洗路面等用水，应符合《城市污水再生利用—城市杂用水水质》（GB/T 18920—2002）的要求，见附录3。

（2）生产给水系统。该系统供生产过程中产品工艺用水、清洗用水、冷却用水和稀释、除尘等用水。由于工艺过程和生产设备的不同，这类用水的水质要求有较大的差异，有的低于生活饮用水标准，有的远远高于生活饮用水标准，工业用水水质标准种类繁多，它是根据生产工艺要求制定，在使用时应满足相应工艺要求。

（3）消防给水系统。该系统供消防灭火设施用水，主要包括消火栓、消防软管卷盘和自动喷水灭火系统喷头等设施的用水。消防水用于灭火和控火。其水质应满足《城市污水再生利用—分类》（GB/T 18919—2002）中消防用水的要求，并应按照建筑防火规范要求保证供给足够的水量和水压。

上述三种基本给水系统可根据具体情况予以合并共用。如：生活-生产给水系统、生活-消防给水系统、生产-消防给水系统、生活-生产-消防给水系统。

系统的选择，应根据生活、生产和消防等各项用水对水质、水量、水压、水温的要求，结合室外给水系统的实际情况，经技术经济比较后确定。

1.1.2 建筑内部给水系统组成

建筑内部给水系统，一般由引入管、给水管道、给水附件、给水设备、配水设施和计量仪表等组成，如图1-1所示。

（1）引入管。单体建筑引入管是指从室外给水管网的接管点至建筑物内的管段。引入管段上一般设有水表、阀门等附件。直接从城镇给水管网接入建筑物的引入管上应设置止

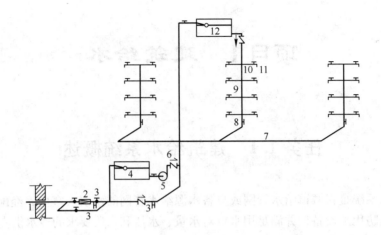

图 1-1   建筑内部给水系统

1—引入管；2—水表；3—泄水阀；4—贮水池；5—水泵；6—止回阀；7—水平干管；

8—检修阀门；9—立管（竖管）；10—支管；11—配水点；12—高位水箱

回阀，如装有倒流防止器则不需再装止回阀。

（2）水表节点。水表节点是安装在引入管上的水表及其前后设置的阀门和泄水装置的总称。水表前后的阀门用于水表检修、拆换时关闭管路，泄水口主要用于系统检修时放空管网的余水。

（3）给水管道。给水管道包括给水干管、立管和支管。干管是将引入管送来的水输送到各立管中去的水平管道；立管是将干管送来的水送到各楼层的竖直管道；支管由立管分出，供给每一楼层配水装置的用水。

（4）给水控制附件。即管道系统中调节水量、水压、控制水流方向，以及关断水流，便于管道、仪表和设备检修的各类阀门和设备。

（5）配水设施。即用水设施。生活给水系统配水设施主要指卫生器具的给水配件或配水龙头。

（6）增压和贮水设备。增压和贮水设备包括升压设备和贮水设备。如水泵、气压罐、水箱、贮水池等。

（7）计量仪表。用于计量水量、压力、温度和水位等的专用仪表。

1.1.3   给水系统供水压力与给水方式

给水方式根据建筑物性质、高度、用水量、配水点布置以及室外给水管网所能提供的水压和水量等因素通过技术经济比较后确定。

1.1.3.1   给水系统所需水压

（1）经验法。在初定生活给水系统的给水方式时，对层高不超过 3.5m 的民用建筑，室内给水系统所需压力（自室外地面算起），可用经验法估算：

1 层为 100kPa；

2 层为 120kPa；

3 层及以上每增加 1 层，增加 40kPa。

（2）计算法。计算公式如下，系统所需压力图如图 1-2 所示。

$$H = H_1 + H_2 + H_3 + H_4$$

式中　H——给水系统所需水压，kPa；

　　　　H_1——室内管网中最不利配水点与引入管之间的静压差，kPa；

　　　　H_2——计算管路的沿程和局部水头损失之和，kPa；

　　　　H_3——计算管路中水表的水头损失，kPa；

　　　　H_4——最不利配水点所需最低工作压力，kPa。

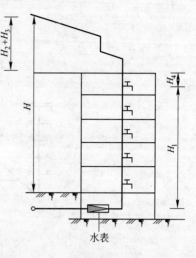

图 1-2　给水系统所需水压示意图

1.1.3.2　常用的给水方式

（1）直接给水方式。当外网水压、水量能经常满足用水要求，室内给水无特殊要求时，可采用这种给水方式。此系统与室外给水管网直接相连，利用外网水压供水。这种给水方式系统简单，投资省，可充分利用外网水压，节约能源；水压变动较大；内部无贮备水量，外网停水时内部立即断水。直接给水方式如图 1-3 所示。

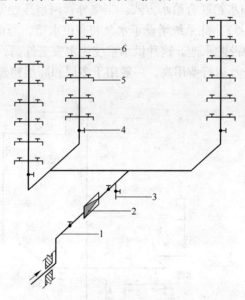

图 1-3　直接给水方式
1—进户管；2—水表；3—泄水管；4—阀门；5—配水龙头；6—立管

（2）单设水箱给水方式。当室外给水管网的水量能够满足需要，但水压呈周期性变化且大部分时间能满足室内压力要求时，可采用这种给水方式。当外网压力高时，可直接向室内管网和水箱送水；当外网压力不足时，则由水箱向室内管网供水。单设水箱给水方式如图 1-4 所示，这种供水方式具有管网简单、投资省、运行费用低、维修方便及供水安全性高等优点，但因系统增设了水箱，故会增大建筑物荷载，且占用室内使用面积。

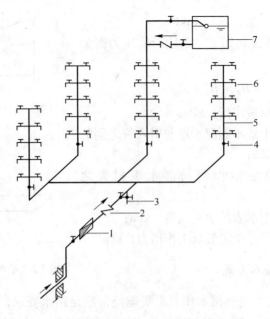

图 1-4　单设水箱给水方式

1—水表；2—止回阀；3—泄水管；4—阀门；5—立管；6—配水龙头；7—水箱

（3）设水池、水泵和水箱联合给水方式。当室外管网水压经常性或周期性不足时，多采用此种供水方式（图 1-5）。此系统增设了水泵和高位水箱，当市政部门不允许从室外给水管网直接抽水时，需增设贮水池。这种供水系统供水安全性高，但因增加了加压和贮水设备，使系统复杂，投资及运行费用高，一般用于多层和高层建筑。

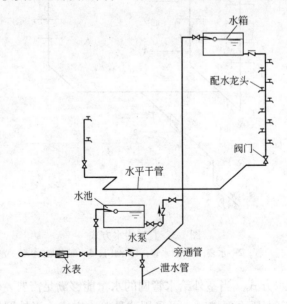

图 1-5　设水池、水泵和水箱联合给水方式

（4）气压给水方式。气压给水方式即在给水系统中设置气压给水设备，利用该设备的气压罐内气体的可压缩性，升压供水，如图 1-6 所示。该给水方式宜在室外给水管网压力低于

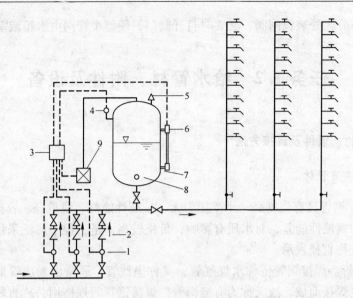

图 1-6　气压给水方式

1—水泵；2—止回阀；3—控制器；4—压力信号器；5—安全阀；
6—液位信号器；7—气压水罐；8—排气阀；9—补气装置

或经常不能满足建筑内给水管网所需水压，室内用水不均匀，且不宜设置高位水箱的场所。它的优点是设备可设置在建筑物的任何高度上，便于隐蔽，安装方便，水质不易受污染，投资小，建设周期短，便于实现自动化等；缺点是给水压力波动较大，能量浪费严重。

（5）分区给水方式。在多层和高层建筑中，室外管网的水压往往不能满足上面几层的供水要求，另外若建筑内给水管网水压过高，又会损坏用水器具和管道。为此，可根据建筑物层数，将建筑物在竖向上分为两个或两个以上的供水分区。下区由外网直接供水，上区则采用水泵和水箱联合的给水方式，如图 1-7 所示。为提高供水安全性，上下区间可设

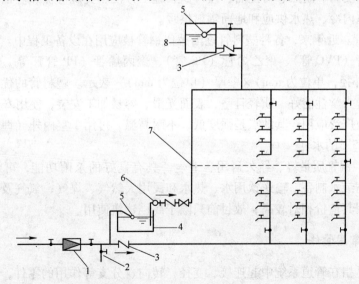

图 1-7　分区给水方式

1—水表；2—泄水管；3—止回阀；4—贮水池；5—浮球阀；6—水泵；7—室外给水管网水压线；8—水箱

连通管连接，在分区处装设闸阀，必要时打开阀门，使整个管网由水箱或室外管网供水。

任务1.2　给水管材、附件及设备

1.2.1　给水管材、管件及连接方法

1.2.1.1　常用管材

（1）钢管。钢管具有强度高、承受压力大、抗震性能好、质量轻、容易加工和安装等优点，但它的耐腐蚀性能差，对水质有影响，价格较高，是工程中广泛采用的管材。普通钢管的直径用公称直径表示。

1）焊接钢管。焊接钢管俗称水煤气管，又称黑铁管，通常由卷成管形的钢板、钢带以对缝或螺旋缝焊接而成，故又称为有缝钢管。焊接钢管的规格用公称直径表示，符号为"DN"，单位为mm。焊接钢管按其表面是否镀锌可分为镀锌钢管（白铁管）和非镀锌钢管（黑铁管）；按钢管壁厚不同又分为普通焊接钢管、加厚焊接钢管和薄壁焊接钢管。

2）无缝钢管。无缝钢管是用钢坯经穿孔轧制或拉制成的钢管，常用普通碳素钢、优质碳素钢或低合金钢制造而成，它具有承受高压及高温的能力，常用于输送高压气体、高温热水、易燃易爆及高压流体等介质。因同一口径的无缝钢管有多种壁厚，故无缝钢管规格一般不用公称直径表示，而用"D（管外径，单位为mm）×壁厚（单位为mm）"表示，如D159×4.5表示外径为159mm、壁厚为4.5mm的无缝钢管。

（2）铝塑复合管。铝塑复合管的内、外壁是塑料层，中间夹以铝合金层，通过挤压成型的方法复合成的管材，可分为冷、热水用铝塑管和燃气用复合管。除具有塑料管的优点外，还有耐压强度高、耐热、可挠曲、接口少、施工方便、美观等优点。铝塑复合管可广泛应用于建筑室内冷、热水供应和地面辐射供暖。

（3）塑料管。近年来，各种塑料管逐渐替代钢管被应用在设备工程中。塑料给水管管材有聚氯乙烯管（PVC管）、聚乙烯管（PE管）、聚丙烯管（PP管）等。塑料管的规格用"D_e（公称外径，单位为mm）×壁厚（单位为mm）"表示。塑料管的优点是化学性能稳定、耐腐蚀、力学性能好、质轻且坚、表面光滑、容易加工安装，使用寿命最少可达50年，在工程中被广泛应用；其缺点是强度低、不耐高温，可用于室内外（埋地或架空）输送水温不超过45℃的水。

（4）铜管。铜管质量轻、经久耐用、卫生，具有良好的杀菌功能，可对水体进行净化，主要用于高纯水制备、输送饮用水、热水和民用天然气、煤气、氧气及对铜无腐蚀作用的介质。但因其造价相对较高，故目前只限于高档建筑使用。

1.2.1.2　常用管件

管道配件是指在管道系统中起连接、变径、转向、分支等作用的零件，简称管件。管件的种类很多，不同管道应采用与该类管材相应的专用管件，如图1-8所示。

（1）钢管件。钢管件是用优质碳素钢或不锈钢经特制模具压制而成的，主要管件及其

用途如下：

1）管箍。用于连接管道的管件，两端均为内螺纹，分同径管箍及异径管箍两种，以公称直径表示。

2）活接头。用于需要经常拆卸的部位。

3）弯头。常用的有 45°和 90°两种，具有改变流体方向的作用。

4）补芯。用于管道变径，以公称直径表示。

5）三通。具有对输送的流体分流或合流作用，分等径三通及异径三通两种，均以公称直径表示。

6）丝堵。用于堵塞管件的端头或堵塞管道上的预留口的管件。

7）四通。分等径四通及异径四通两种，均以公称直径表示。

8）对丝。用于连接两个相同管径的内螺纹管件或阀门，规格与表示方法与钢管的相同。

（2）塑料管、铝塑复合管、铜管管件。这几种管道的管件作用和钢管相同，也是用来满足管道延长、分支、变径、拐弯、拆卸的需要，可根据具体使用需要选用。

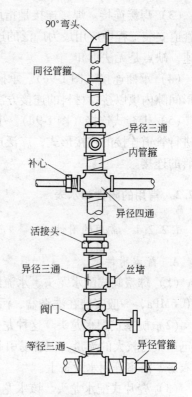

图 1-8　钢管螺纹连接配件及连接方法

1.2.1.3　连接方法

管道的连接方法有如下几种：

（1）螺纹连接（图 1-9a）。螺纹连接是指在管子端部按照规定的螺纹标准加工成外螺纹与带有内螺纹的管件拧接在一起的连接方式。螺纹连接适用于公称直径不大于 100mm 的镀锌钢管和普通钢管的连接。

（2）法兰连接（图 1-9b）。法兰连接是指管道通过连接件（法兰）及紧固件（螺栓）、螺母的紧固，压紧中间的法兰垫片而使管道连接起来的一种连接方法。法兰连接用于需要经常检修的阀门、水表和水泵等与管道之间的连接。法兰连接的特点是接合强度高、严密性好、拆卸安装方便。但其耗用钢材多、工时多、成本高。

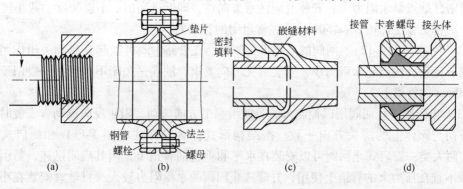

图 1-9　管道的连接方法

（3）焊接连接。焊接连接是指用电焊和氧-乙炔焊将两段管道连接在一起的连接方法，是管道安装工程中应用最为广泛的连接方法，优点是接头紧密、不漏水、无须配件、施工迅速，缺点是无法拆卸。

（4）承插连接（图 1-9c）。承插连接是将管子或管件的插口插入承口，并在其插接的环形间隙内填以接口材料的连接方法。一般铸铁管、塑料管、混凝土管都采用承插连接。

（5）卡套式连接（图 1-9d）。卡套式连接是指由锁紧螺母和带螺纹管件组成的专用接头进行管道连接的连接形式，广泛应用于复合管、塑料管和公称直径大于 100mm 的镀锌钢管的连接。

1.2.2　常用的附件和水表

1.2.2.1　常用的附件

A　配水附件

（1）球型阀式配水龙头。水流经过龙头时需改变方向，故阻力较大。其最大工作压力为 0.6MPa，一般安装在洗涤盆、污水盆、盥洗槽等卫生器具上。

（2）旋塞式配水龙头。这种龙头旋转 90° 即可完全开启，水流直线通过，阻力较小，可迅速获得较大的流量，但容易引起水锤，使用压力宜在 0.1MPa 左右。一般用于开水间、洗衣房、浴室等用水设备上。

（3）瓷片式配水龙头。该水龙头采用陶瓷片阀芯代替橡胶衬垫，解决了普通水龙头的漏水问题。陶瓷片阀芯是利用陶瓷淬火技术制成的一种耐用材料，它能承受高温及强腐蚀，有很高的硬度，光滑、平整、耐磨，是目前被广泛推荐使用的产品，但价格较贵。

（4）混合水龙头。这种水龙头是将冷水、热水混合调节为温水的水龙头，供盥洗、洗涤、沐浴等使用。

常用的配水附件如图 1-10 所示。

此外，还有许多特殊用途的水龙头，如小便器龙头、充气水龙头和自动水龙头等。

B　控制附件

控制附件一般是指用来调节水量、水压，控制水流方向以及开启和关闭水流的各类阀门。其主要包括：

（1）截止阀。截止阀在管路上起开启和关闭水流的作用，但不能调节流量。其优点是关闭严密，缺点是水阻力大，安装时应注意方向性，即低进高出，不得装反。截止阀（图 1-11）一般安装在管径 DN≤50mm 或经常启闭的管道上。

（2）闸阀（图 1-12）。闸阀的启闭件为闸板，在管路中既可以起开启和关闭作用，又可以调节流量，优点是水阻力小，安装时无方向要求，缺点是关闭不严密。一般用于管径大于 50mm 的管道上。

（3）止回阀。止回阀用以控制水流只能沿一个方向流动，阻止反向流动，安装时应使水流方向与阀体上的箭头方向一致。按结构形式分为升降式（图 1-13）和旋启式（图 1-14）两大类。旋启式止回阀可以安装在水平和垂直的管道上，因其启闭迅速，易引起水锤，故不宜在压力大的管道上使用；升降式止回阀的水流阻力较大，只适宜安装在小管径的水平管道上。

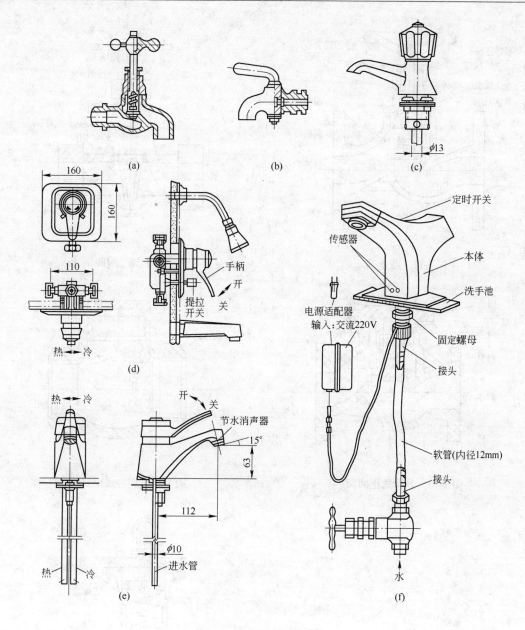

图 1-10　常用的配水附件

（a）球型阀式配水水龙头；（b）旋塞式配水水龙头；（c）普通洗脸盆配水水龙头；

（d）单手柄浴盆水龙头；（e）单手柄洗脸盆水龙头；（f）自动水龙头

（4）浮球阀（图 1-15）。浮球阀是用于自动控制水位的阀门，常安装于水箱或水池上，用来控制水位，保持液位恒定。其缺点是体积较大，阀芯易卡住而导致关闭不严而溢水。

（5）安全阀。安全阀是一种为避免管网、设备中压力超过规定值而遭破坏的安全保障器材，其工作原理是：当系统的压力超过设计规定的最高允许值时，阀门自动开启放出液体，直至系统的压力降到允许值时才会自动关闭。安全阀按其构造分为杠杆重锤式、弹簧式和脉冲式 3 种。弹簧式安全阀的结构如图 1-16 所示。

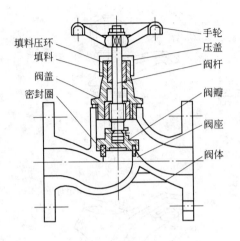

图 1-11 截止阀

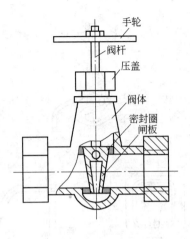

图 1-12 闸阀

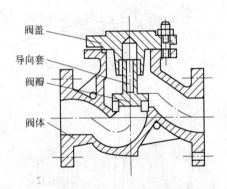

图 1-13 升降式止回阀

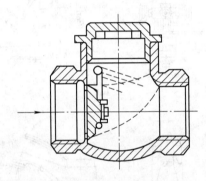

图 1-14 旋启式止回阀

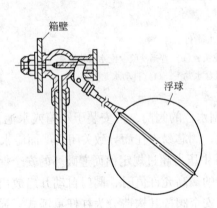

图 1-15 浮球阀

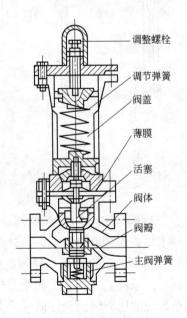

图 1-16 弹簧式安全阀

（6）旋塞阀（图1-17）。旋塞阀绕其轴线转动90°即为全开或全闭。旋塞阀具有结构简单、启用迅速、操作方便、阻力小等优点，缺点是密封面维修困难，在流体参数较高时旋转灵活性和密封性较差，多用于低压、小口径管及介质温度不高的管路中。

（7）球阀（图1-18）。球阀的启用件为金属球状物（球体），其中部有一个圆形孔道，操纵手柄绕垂直于管路的轴线旋转90°即可全开或全闭，在小管径管路中可使用球阀。球

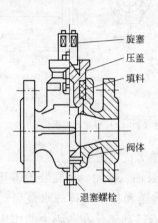

图1-17 旋塞阀

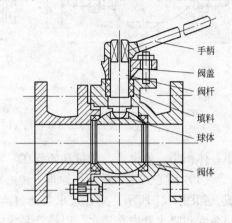

图1-18 球阀

阀具有结构简单、体积小、阻力小、密封性好、操作方便、启闭迅速、便于维修等优点，缺点是高温时启闭较困难，水击严重，易磨损。

（8）蝶阀（图1-19）。阀板在90°翻转范围内起调节、节流和关闭作用，常用于给水管道上，是一种体积小、构造简单的阀门，其操作扭矩小，启闭方便。蝶阀有手柄式及涡轮传动式两种，常用于较大管径的给水管道和消防管道上。

1.2.2.2 水表

水表是用来记录用水量的仪表，其安装包括水表、阀门及配套管件的安装。建筑物内不同使用性质或不同水费单价的用水系统，应在引入管后分成各自独立给水管网，并分表计量；在住宅类建筑内应安装分户水表，分户水表设在每户的分户支管上，或按单元集中设于户外，同时在表前须设阀门。

目前，建筑内部给水系统中广泛使用的是流速式水表。

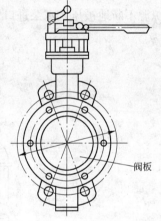

图1-19 蝶阀

流速式水表分为旋翼式和螺翼式两类。旋翼式水表（图1-20a、b）的叶轮轴与水流方向垂直，水流阻力大，计量范围小，多为小口径水表，适于测量较小水流量。螺翼式水表（图1-20c）的叶轮轴与水流方向平行，水流阻力小，多为大口径水表，适于测量较大水流量。

1.2.3 给水加压与调节设备

1.2.3.1 水泵

水泵是给水系统中的加压设备。在给水系统中，一般采用离心式水泵，它具有结构简

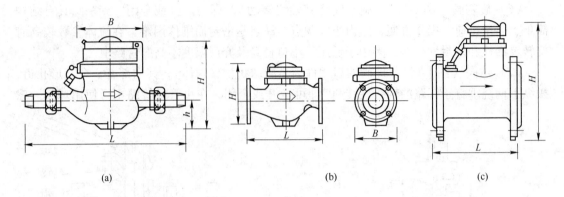

图 1-20　水表

（a）旋翼式水表（丝接）；（b）旋翼式水表（法兰连接）；（c）螺翼式水表

单、体积小、效率高、流量和扬程在一定范围内可以调整等优点。

（1）离心式水泵的工作原理。离心式水泵由泵壳、泵轴、叶轮、密封装置等几部分组成，如图 1-21 所示。离心式水泵通过离心力的作用来输送和提升液体。水泵启动前，要将泵壳和吸水管中充满水，以排除泵内空气，当叶轮高速转动时，在离心力的作用下，叶轮间的水被甩入泵壳获得动能和压能。由于泵壳的断面逐渐扩大，所以水进入泵壳后流速逐渐减小，部分动能转化为压能，继而流入压水管，因此，泵出口处的水具有较高的压力。在水被甩走的同时，水泵进口形成真空，由于大气压力的作用，水池中的水沿吸水管源源不断地被压入水泵进口，流入泵体。从而实现了离心式水泵连续均匀地供水。

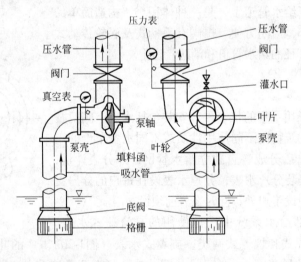

图 1-21　离心式水泵

（2）水泵的基本性能参数。

1）流量。水泵在单位时间内输送水的体积称为水泵的流量，单位为 m^3/h 或 L/s。

2）扬程。单位质量的水在通过水泵以后获得的能量称为水泵的扬程。单位为 m。

3）功率。水泵在单位时间内做的功，即单位时间内通过水泵的水获得的能量称为功率，单位为 kW。

4）效率。水泵功率与电动机加在泵轴上的功率之比称为效率，用百分数表示。水泵的效率越高，说明水泵所做的有用功越多，性能越好。

5）转速。叶轮每分钟的转数称为转速，单位为 r/min。

6）吸程。吸程也称允许吸上真空高度，即水泵运转时吸水口前允许产生真空度的数值，单位为 m。

上述参数中，流量和扬程是水泵最重要的性能参数，也是选择水泵的主要依据。

（3）离心泵的选择。

1）水泵的选择应以供水安全和节能为原则。当设有高位水箱且水泵直接向水箱充水时，水泵的出水量和扬程几乎不变，可选择转速不变的恒速泵，并使其在高效区工作。当给水系统中未设水量调节设施时，可选择装有自动调速装置的变速泵。变速泵可根据建筑用水量的变化自动调节转速，使水泵运行压力恰好等于建筑内给水系统所需要的压力，从而改变供水量和扬程，使水泵始终在较高的效率范围内工作，避免浪费，节约电能。

2）水泵型号的选择可根据流量和扬程查水泵样本确定。具体来讲，应使水泵的流量大于系统的设计流量，使水泵的扬程大于系统所需扬程。考虑到运转过程中泵的磨损和效能降低，为保险起见，水泵的流量和扬程一般应增加 10% ~ 15% 的附加值。

（4）水泵机组的试运转。设备安装完毕，经检验合格后，应进行试运转以检查安装质量。试运转前应制订运转方案，检查与水泵运行有关的仪表、开关，应保证它们完好、灵活；检查电动机转向应符合水泵转向的要求。设备检查包括：对润滑油的补充或更换；各部位紧固螺栓是否松动或不全；填料压盖松紧度要适宜；吸水池水位是否正常；盘车应灵活、正常，无异常声音，最后做带负荷运转。

1）检查水池（水箱）内水是否已充满，打开水泵吸水管阀门，使吸水管及泵体充水，此时检查底阀是否严密。打开泵体排气阀排气，满水正常后，关闭水泵出水管上的阀门。

2）启动水泵，逐渐打开出水阀门，直至全部打开，系统应正常运转。

3）水泵运转后，应检查填料压盖滴水情况、水泵和电动机振动情况、有无异常声响情况，记录电动机在带负荷后启动电流及运转电流情况，观察出水管压力表的表针有无较大范围的跳动或不稳定情况，检查出水流量及扬程等。

水泵试运转时，要求叶轮与泵壳不应相碰，进、出口部位的阀门应灵活，轴承温升应符合要求。

1.2.3.2　水箱

在建筑给水系统中，当需要贮存和调节水量，以及需要稳压和减压时，均可设置水箱。水箱一般采用钢板、钢筋混凝土、玻璃钢等制作。常用水箱的形状有矩形和圆形。水箱的构造如图 1-22 所示。

（1）进水管。当水箱进水时，为防止溢流，进水管上应装设不少于 2 个浮球阀或液压式水位控制阀，并在该阀前设闸阀，以便于维修等。进水管中心距水箱上缘应有 150 ~ 200mm 的距离。进水管管径可按水泵流量或室内设计秒流量计算确定。

（2）出水管。出水管可由水箱的侧壁或底部接出，其管口下缘应高出水箱底面 50mm

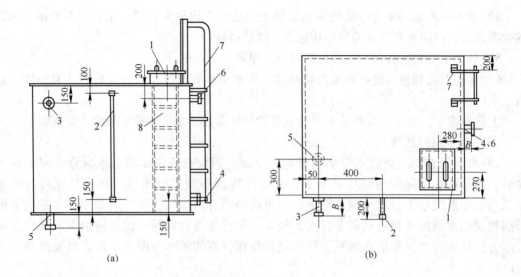

图 1-22　水箱的构造

(a) 剖面图；(b) 平面图

1—人孔；2—水位计；3—溢流管；4—出水管；5—排污管；6—进水管；7—外人梯；8—内人梯

以上，以防箱底沉淀物流入配水管网。进、出水管宜分设在水箱两侧，以防止短流；进、出水管也可合用一条管道，此时出水管上应设止回阀，如图 1-23 所示。若水箱为生活、消防合用水箱，则应有平时不被动用的消防用水存水措施，如将生活出水管安装在消防存水水位之上，如图 1-24 所示。出水管管径按设计秒流量计算确定。

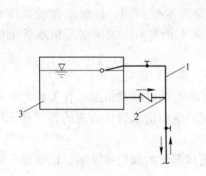

图 1-23　水箱进、出水管合用

1—进水管；2—出水管；3—水箱

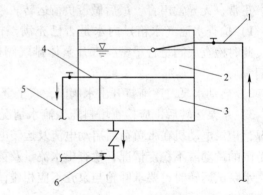

图 1-24　水箱中消防贮水平时不被动用的措施

1—进水管；2—生活贮水；3—消防贮水；4—小孔；

5—生活出水管；6—消防出水管

（3）溢流管。溢流管用以控制水箱的最高水位，管口应高于设计最高水位 50mm。管径一般比进水管大一级，可穿过侧壁或箱底接出，但在箱底 1m 以下可改用与进水管相同的管径。溢流管上不允许装设阀门，不允许与排水管道直接相连接。

（4）水位信号管。安装在水箱壁的溢流口以下 10mm 处，管径 15~20mm，信号管的另一端通到值班室，以便随时发现水箱浮球阀失灵而能及时修理。

（5）泄水管。泄水管用于放空水箱和排除冲洗水箱的污水，管口由箱底最低处接出，管径为 40～50mm，下端可与溢流管相连接，共用一根管排水。在泄水管上需装设阀门，平时关闭，泄水时开启。

（6）通气管。供应生活饮用水的水箱应设密封箱盖，箱盖上设检修人孔和通气管，使水箱内空气流通，通气管管径一般不小于 50mm，数量一般不少于 2 根，管口应朝下并设网罩，管上不设阀门。

水箱应设置在便于维护、光线和通风良好且不结冻的地方，一般布置在屋顶或闷顶内的水箱间，在我国南方地区，大部分是直接设置在平屋顶上。水箱底距水箱间地板面或屋面应有不小于 0.8m 的净空，以便于安装管道和进行维修。水箱间应有良好的通风、采光和防蚊蝇措施，室内最低气温不得低于 5℃；水箱间的承重结构为非燃烧材料；水箱间的净高不得低于 2.2m。水箱之间及水箱与建筑物之间的最小距离见表 1-1。

表 1-1　水箱之间及水箱与建筑物之间的最小距离

水箱形式	水箱至墙面的距离/m		水箱间净距/m	水箱至建筑物结构最低点的距离/m
	有阀侧	无阀侧		
圆　形	0.8	0.5	0.7	0.6
矩　形	1.0	0.7	0.7	0.6

1.2.3.3　贮水池

当不允许水泵直接从室外给水管网抽水时，应设贮水池，水泵从贮水池中抽水向建筑内供水。贮水池可由钢筋混凝土制造，也可由钢板焊制，形状多为圆形和矩形，也可以根据现场情况设计成任意形状。

贮水池应设进水管、出水管、溢流管、泄水管和水位信号管等。为保证水质不被污染，并考虑检修方便等，贮水池的设置应满足以下条件：

（1）贮水池宜布置在地下室或室外泵房附近，不宜毗邻电气用房和居住用房，生活贮水池应远离化粪池、厕所、厨房等卫生环境不良的地方。

（2）贮水池外壁与建筑主体结构墙或其他池壁之间的净距，无管道的侧面不宜小于 0.7m；安装有管道的侧面不宜小于 1.0m，且管道外壁与建筑本体墙面之间的通道宽度不宜小于 0.6m；设有人孔的池顶，顶板面与上面建筑本体板底的净空不应小于 0.8m。

（3）贮水池的溢流口标高应高出室外地坪 100mm，保持足够的空气隔断，保证在任何情况下污水都不会通过人孔、溢流管等进入池内。

（4）贮水池的进、出水管应布置在相对位置，使池内贮水经常流动，防止滞流产生死角。

（5）容积大于 500m³ 的贮水池一般分为两格，应能独立工作或分别排空，以便清洗、检修。

（6）当消防用水和生产或生活用水合用一个贮水池，且池内无溢流墙时，在生产和生活水泵的吸水管上消防水位处开 25mm 的小孔，以确保消防贮水量不被动用。

（7）贮水池应设通气管，通气管口应用网罩盖住，其设置高度距覆盖层上不小于 0.5m，通气管直径为 200mm。

（8）贮水池应设水位计，将水位信号反映到水泵房和控制室。

1.2.3.4　气压给水设备

气压给水设备是利用密闭罐内的压缩空气，把罐中的水压送到室内各用水点的一种升压给水装置，可以调节和贮存水量并保持所需压力，其作用相当于高位水箱或水塔。

（1）组成。气压给水设备由以下几个基本部分组成：

1）密闭罐。其内部充满空气和水。

2）水泵。将水送到罐内及管网。

3）补气设施。如空气压缩机等补充空气的设施。

4）控制装置。用以启动水泵等装置。

图 1-25 所示为单罐变压式气压给水设备。

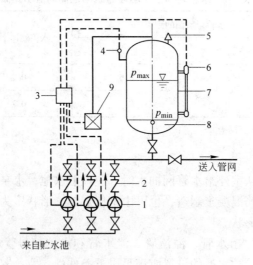

图 1-25　单罐变压式气压给水设备

1—水泵；2—止回阀；3—控制器；4—压力继电器；5—安全阀；6—液位信号器；
7—气压水罐；8—排气阀；9—空气压缩机

（2）分类。气压给水设备按压力稳定性可分为变压式和定压式两类。

1）变压式气压给水设备。在向建筑给水系统送水过程中，水压处于变化状态，其罐内空气压力随供水工况而变，给水系统在变压状态下工作。这类设备常用于对水压稳定性要求不高的建筑。

2）定压式气压给水设备。在向建筑给水系统送水过程中，水压基本稳定。这类设备可在变压式气压给水设备的出水管上安装调压阀，从而使阀后水压保持恒定。

此外，按罐内气、水的接触方式还可将气压给水设备分为气、水接触式和隔膜式两种类型。

（3）特点及应用。气压给水设备的优点是灵活性强，安装高度不受限制，便于拆迁，安装速度快，运行可靠，维护、管理简单方便，水质不易受污染。其缺点是钢材耗量大，耗电量大，调节容积小，贮水量少，供水安全性较差。气压给水设备适用于有升压要求，但又不宜设置高位水箱或水塔的场所，如地震区、飞机场、国防工程以及多层、高层或对建筑立面艺术性要求较高的建筑等。

任务 1.3　室内给水管道的布置和敷设

1.3.1　给水管道布置

（1）引入管。引入管是室外给水管网与室内给水管网之间的联络管段，布置时应力求简短，其位置一般由建筑物用水量最大处接入，同时要考虑便于水表的安装与维修，与其他地下管线之间的净距离应满足安装操作的需要。

一般情况下，每个建筑物设置一条引入管，如果建筑物对供水安全性要求高或不允许间断供水，应设置不少于两条引入管，且由市政管网不同侧引入，如图 1-26 所示；如只能由建筑物的同侧引入，相邻两引入管间距不得小于 10m，并应在连接点设阀门，如图1-27所示。

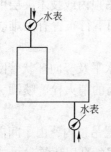

图 1-26　引入管由建筑物不同侧引入

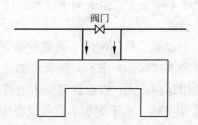

图 1-27　引入管由建筑物同侧引入

引入管的埋设深度应根据土壤冰冻深度、车辆荷载、管道材质及管道交叉状况等因素确定，管顶最小覆土深度不得小于土壤冰冻线以下 0.15m。引入管在通过基础墙处要预留孔洞，洞顶至管顶的净空不得小于建筑的最大沉降量，一般不小于 0.15m。

给水引入管与排水排出管的水平净距不得小于 1m，引入管应有不小于 0.003 的坡度坡向室外给水管网。

（2）水表节点。必须单独计量水量的建筑物，应在引入管上装设水表。水表节点包括水表前、后设的阀门，水表后设的单向阀和放水阀，绕水表设的旁通管。水表节点在南方地区可设在室外水表井中，井距建筑物外墙 2m 以上；在寒冷地区常设于室内的供暖房间内。

（3）水平干管。按照水平干管的敷设位置，室内给水系统可以设计成下行上给式、上行下给式和环状式三种形式。

（4）立管。立管靠近用水设备，并沿墙柱向上层延伸，保持竖直，避免多次弯曲。明设的给水立管穿过楼板时，应采取防水措施。美观要求较高的建筑物，立管可在管井内敷设。管井应每层设外开检修门。需进人维修管道的管井，其维修人员的工作通道净宽度不宜小于0.6m。

（5）支管。支管从立管接出，直接接到用水设备。需要泄空的给水横支管宜有

0.002～0.005 的坡度坡向泄水装置。

以上各管道系统在室内布置时，不应穿越变配电房、电梯机房、通信机房、大中型计算机房、计算机网络中心等遇水会损坏设备或引发事故的房间，并应避免在生产设备上方通过。也不得妨碍生产操作、交通运输和建筑物的使用。室内给水管道不得布置在遇水会引起燃烧、爆炸的原料、产品和设备的上面。室内给水管道不得布置在烟道、风道、电梯井、排水沟内，不得穿过大便槽和小便槽，也不宜穿越橱窗、壁柜。室内给水管道不宜穿越伸缩缝、沉降缝、变形缝，当必须穿越时，应设置补偿管道伸缩的装置。

1.3.2　给水管网布置和敷设

1.3.2.1　管网布置

（1）下行上给式。水平配水干管敷设在建筑物底层，如底层地面下、地下室内、专设的管沟内，或底层走廊内，由下向上供水。这种方式多用于利用室外给水管网水压直接供水的建筑物。

（2）上行下给式。水平配水干管敷设在顶层天花板下、吊顶内或技术夹层中，在无冰冻地区设于平屋顶上，由上向下供水。这种方式一般用于采用下行布置有困难或需设置高位水箱的建筑。

（3）环状式。横向配水干管或配水立管互相连接，组成水平及竖向环状管网。高层建筑、大型公共建筑、要求不间断供水的建筑，或采用要求较高的消火栓、喷洒、雨淋系统时，多采用这种方式，以保证其供水的可靠性。

（4）中分式。水平配水干管敷设在中间技术层或中间某层吊顶内，由中间向上、下两个方向供水。这种方式一般用于屋顶有他用或中间有技术夹层的高层建筑。

1.3.2.2　管道敷设

根据建筑物性质及对美观要求的不同，给水管道敷设有明装和暗装两种。

明装时，管道沿墙、梁、柱、楼板下敷设。明装的优点是便于安装维修，造价低；缺点是影响房间的美观和整洁。该方式适用于一般民用建筑和生产车间。

暗装时，把管道敷设在地下室或吊顶中，或在管井、管槽、管沟中隐蔽敷设。暗装的优点是不影响房间的整洁美观；缺点是施工复杂，检修不便，造价高。该方式适用于建筑标准高的建筑，如高层宾馆，要求室内洁净无尘的车间，如精密仪器车间、电子元件车间等。

室内给水管道可以与其他管道一同架设，应当考虑安全、施工、维护等要求。在管道平行或交叉设置时，对管道的相互位置、距离、固定等应按管道综合的有关要求统一处理。

1.3.3　管道的防腐、防冻、防结露及防噪声

1.3.3.1　防腐

明装或暗装的给水管道，除镀锌钢管和塑料管道外，必须进行管道防腐。管道防腐最简单的办法是刷油：把管道外壁除锈打磨干净，先涂刷底漆，然后涂刷面漆。对于不需要

装饰的管道，面漆可刷银粉漆；需要装饰和标志的管道，面漆可刷调和漆或铅油，管道颜色应与房间装修要求相适应。暗装管道可不涂刷面漆。埋地管道一般先刷冷底子油，再用沥青涂层等方法处理。

1.3.3.2 防冻与防结露

在寒冷地区，对于敷设在冬季不采暖建筑内及安装在受室外冷空气影响的门厅过道等处的管道，应采取相应的保温、防冻措施。常用的做法是：管道除锈涂油漆后，可包扎矿渣棉、石棉硅藻土、玻璃棉、膨胀蛭石或用泡沫水泥瓦等保温层外包玻璃布涂漆等作为保护层。

管道明装在温度较高、湿度较大的房间，如厨房、洗涤间、某些车间等，根据建筑物性质及使用要求，可以采取防结露措施。防结露的做法与保温方法相同。

1.3.3.3 防噪声

管网或设备在使用过程中常会发生噪声，噪声能沿着建筑物结构或管道传播。

噪声的来源一般有下列几方面：

（1）由于器材的损坏，在某些地方（阀门、止回阀等）产生机械的敲击声；

（2）管道中水的流速太高，通过阀门时，以及在管径突变或流速急变处，可能产生噪声；

（3）水泵工作时发出的噪声；

（4）由于管中压力大，流速高引起水锤发生噪声。

防止噪声的措施，要求在建筑设计时使水泵房、卫生间不靠近卧室及其他需要安静的房间，必要时可做隔声墙壁。在布置管道时，应避免管道沿着卧室或与卧室相邻的墙壁敷设。为了防止附件和设备上产生噪声，应选用质量良好的配件、器材及可曲挠橡胶接头等。安装管道及器材时亦可采取如图 1-28 所示的各种措施。此外，提高水泵机组装配和安装的准确性，采用减振基础及安装隔振垫等措施，也能减弱或防止噪声的传播。

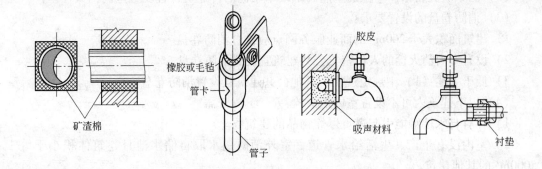

图 1-28　管道防噪声措施

任务 1.4　室内消防给水系统

室内消防给水设备用于扑灭建筑内的一般火灾，是目前消防给水设备中最经济有效的方法。火灾统计资料表明,一般室内初起的火灾,主要是用室内消防给水设备控制和扑灭的。按灭火方式可将消防给水系统分为消火栓给水系统、自动喷水灭火系统等。

1.4.1　消火栓给水系统

1.4.1.1　设置室内消火栓给水系统的原则

(1) 下列建筑应设置室内消火栓:

1) 建筑占地面积大于 $300m^2$ 的厂房(仓库)。

2) 体积大于 $5000m^3$ 的车站、码头、机场的候车(船、机)楼以及展览建筑、商店、旅馆、病房楼、门诊楼、图书馆等。

3) 特等、甲等剧院,超过800个座位的其他等级的剧场和电影院等,超过1200个座位的礼堂、体育馆等。

4) 超过5层或体积超过 $10000m^3$ 的办公楼、教学楼、非住宅类居住建筑等其他民用建筑。

5) 超过7层的住宅应设置室内消火栓系统,当有困难时,可只设置干式消防竖管和不带消火栓箱的 DN65 的室内消火栓。

6) 高层厂房(仓库)和高层民用建筑。

7) 建筑面积大于 $300m^2$ 的人防工程或地下建筑。

8) 耐火等级为一、二级且停车数超过5辆的汽车库;停车数超过5辆的停车场;Ⅰ、Ⅱ、Ⅲ类修车库应设消防给水系统。建筑内有消防给水系统,虽然停车数小于上述规定时,亦应设置消火栓。

9) 除城市交通四类隧道和行人或通行非机动车辆的三类隧道外,其他城市交通隧道应设置消防给水系统。

(2) 国家级文物保护单位的重点砖木或木结构的古建筑,宜设置室内消火栓。

(3) 消防卷盘的设置要求:

1) 建筑面积大于 $200m^2$ 的商业服务网点应设置消防卷盘。

2) 设有室内消火栓的人员密集公共建筑宜设置消防卷盘。

3) 低于上述(1)中规定规模的其他公共建筑宜设置消防卷盘。

(4) 以下建筑内可不设置室内消火栓:

1) 存有与水接触能引起燃烧爆炸物品的建筑物。

2) 室内没有生产、生活给水管道,室外消防用水取自储水池且建筑体积小于等于 $5000m^3$ 的其他建筑。

3) 耐火等级为一、二级且可燃物较少的单层、多层丁、戊类厂房(仓库),耐火等级为三、四级且建筑体积不大于 $3000m^3$ 的丁类厂房和建筑体积不大于 $5000m^3$ 的戊类厂房(仓库),粮食仓库、金库。

1.4.1.2　消火栓给水系统的组成

消火栓给水系统一般由消火栓、水龙带、水枪、消防卷盘、消火栓箱、水泵接合器、消防水池、消防水箱、增压设备和水源等组成。

（1）消火栓。消火栓是具有内扣式接口的球型阀式龙头，一端与消防立管相连，另一端与水龙带相接，有单出口和双出口之分。单出口消火栓直径有 50mm 和 65mm 两种，双出口消火栓直径为 65mm。建筑中一般采用单出口消火栓；高层建筑中应采用 65mm 口径的消火栓。

（2）水龙带。常用水龙带一般有帆布、麻布和衬胶三种，衬胶水龙带压力损失小，但抗折叠性能不如帆布、麻布材料的好。常用水龙带直径有 50mm 和 65mm 两种，长度为 15m、20m、25m 等，不宜超过 25m。水龙带一端与消火栓相连，另一端与水枪相接。

（3）水枪。水枪常用铜、塑料、铝合金等不易锈蚀的材料制造，按有无开关分为直流式和开关式两种，室内一般采用直流式水枪。水枪喷嘴直径有 13mm、16mm、19mm 等几种。直径 13mm 的水枪配备直径 50mm 的水龙带；直径 16mm 的水枪配备 50mm 或 65mm 的水龙带；直径 19mm 的水枪配备 65mm 的水龙带。高层建筑消防系统的水枪喷嘴直径不小于 19mm。

（4）消防卷盘。消防卷盘是设置在高级旅馆、综合楼和建筑高度超过 100m 的超高层建筑内的重要辅助灭火设备，由直径为 25mm 或 32mm 的消火栓，内径为 19mm、长度为 20～40m 的卷绕在可旋转盘上的胶管和喷嘴直径为 6～9mm 的水枪组成。它是供非专业消防人员，如旅馆服务员、旅客和工作人员使用的简易消防设备，可及时控制初期火灾。

（5）消火栓箱。消火栓箱用来放置消火栓、水龙带、水枪，一般嵌入墙体暗装，也可以明装和半暗装，如图 1-29 所示。消火栓箱应设置在建筑物中经常有人通过、明显及便于使用之处，如走廊、楼梯间、门厅及消防电梯等处的墙龛内，表面一般装有玻璃门，并贴有"消火栓"标志，平时封锁，使用时击碎玻璃，按消防水泵启动电钮启动水泵，取水枪开栓灭火。

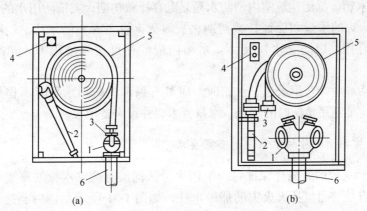

图 1-29　消火栓箱的构造

（a）单出口消火栓；（b）双出口消火栓

1—消火栓；2—水枪；3—水龙带接口；4—消防水泵启动按钮；5—水带；6—消防管道

（6）水泵接合器。水泵接合器是消防车向室内消防给水系统加压供水的连接装置，它的一端由消防给水管网水平干管接出，与建筑内消火栓给水系统相连，另一端设于建筑物外消防车易于靠近的地方。其根据安装位置分为地上、地下和墙壁式三种，如图 1-30 所示。

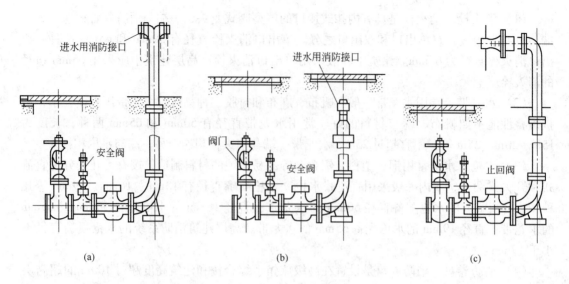

图 1-30　水泵接合器
（a）地上式；（b）地下式；（c）墙壁式

（7）消防水池。消防水池用于无室外消防水源的情况，贮存火灾持续时间内的室内消防用水量。消防水池可设于室外地下或地面上，也可设在室内地下室，或与室内游泳池、水景水池兼用。消防水池应设溢流管、带有水位控制阀的进水管、通气管、泄水管、出水管及水位指示器等装置。根据各种用水系统的供水水质要求是否一致，可将消防水池与生活或生产贮水池合用，也可单独设置。

（8）消防水箱。低层建筑室内消防水箱是贮存扑救初期火灾消防用水的贮水设备，它提供扑救初期火灾的水量和保证扑救初期火灾时灭火设备必要的水压。消防水箱宜与生活、生产水箱合用，以防止水质变坏。水箱内应贮存可连续使用 10min 的室内消防用水量。

消防与生活或生产合用水池、水箱时，应具有保证消防用水平时不作他用的技术措施。消防水泵应能满足消防时的水压、水量要求，并设有备用泵。

1.4.1.3　室内消火栓给水系统的布置要求

（1）室内消火栓的布置应保证每一个防火分区同层有两支水枪的充实水柱（水枪射流中密实的、有足够力量扑灭火灾的那段水柱，如图 1-31 所示）同时到达任何部位。建筑高度不大于 24m 且体积不大于 5000m³ 的多层仓库，可采用一支水枪充实水柱到达室内任何部位。水枪的充实水柱应经计算确定，但一般不宜小于 7m。

（2）室内消火栓应设置在位置明显且易于操作的部位。栓口离地面或操作基面高度宜为 1.1m，其出水方向宜向下或与设置消火栓的墙面呈 90°。

（3）同一建筑物内应采用统一规格的消火栓、水枪和水龙带。每条水龙带的长度不应大于 25m。

（4）室内消火栓栓口处的出水压力大于 0.5MPa 时，应设置减压设施；静水压力大于 1.0MPa 时，应采用分区给水系统。

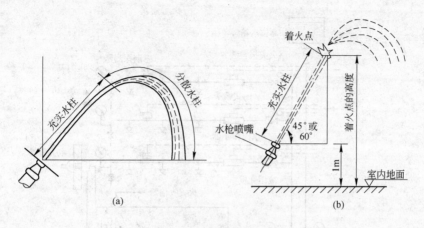

图 1-31　充实水柱及其理想使用状态

（5）高层厂房（仓库）和高位消防水箱静压不能满足最不利点消火栓水压要求的其他建筑，应在每个室内消火栓处设置直接启动消防水泵的按钮，并应有保护设施。

其他布置要求参考《建筑设计防火规范》、《高层民用建筑设计防火规范》的有关规定。

1.4.2　自动喷水灭火系统

自动喷水灭火装置是一种能自动喷水灭火，同时发出火警信号的消防给水设备。这种装置多设置在火灾危险大、起火蔓延很快的场所，或者容易自燃而无人管理的仓库以及要求较高的建筑物。

1.4.2.1　自动喷水灭火系统的类型

自动喷水灭火系统按喷头的开闭形式分为闭式自动喷水灭火系统和开式自动喷水灭火系统。前者有湿式、干式和预作用自动喷水灭火系统之分，后者有雨淋喷水灭火系统、水幕消防系统和水喷雾灭火系统之分。

（1）湿式自动喷水灭火系统。湿式自动喷水灭火系统由闭式喷头、管道系统、湿式报警阀、火灾报警装置和供水设施等组成，如图 1-32 所示。由于其供水管路和喷头内始终充满有压水，故称为湿式自动喷水灭火系统。

发生火灾时，火焰或高温气流使闭式喷头的热敏感元件动作，闭式喷头开启，喷水灭火。此时，管网中的水由静止变为流动，使水流指示器动作送出电信号，在报警控制器上指示某一区域已在喷水。闭式喷头开启持续喷水泄压造成湿式报警阀上部水压低于下部水压，在压力差的作用下，原来处于关闭状态的湿式报警阀自动开启，压力水通过湿式报警阀流向灭火管网，同时打开通向水力警铃的通道，水流冲击水力警铃发出声响报警信号。控制中心根据水流指示器或压力开关的报警信号，自动启动消防水泵向系统加压供水，达到持续自动喷水灭火的目的。

湿式自动喷水灭火系统适用于设置在室内温度不低于 4℃ 且不高于 70℃ 的建筑物、构筑物内。该系统的特点是：结构简单，施工、管理方便；经济性好；灭火速度快，控制率

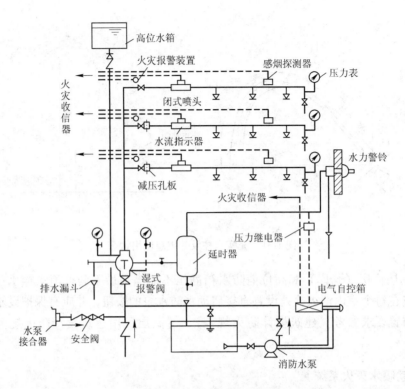

图 1-32　湿式自动喷水灭火系统的组成

高；适用范围广，可以与火灾自动报警装置联合使用，使其功能更加安全可靠。

（2）干式自动喷水灭火系统。干式自动喷水灭火系统由闭式喷头、管道系统、干式报警阀、充气设备、报警装置和供水设施等组成。由于报警阀后的管道内充以有压气体，故称为干式喷水灭火系统。

干式自动喷水灭火系统的构造及工作过程与湿式类似，但在系统中要采用干式报警阀。

平时，干式报警阀前（与水源相连一侧）的管道内充以压力水，其后的管道内充以压缩空气，干式报警阀处于关闭状态。发生火灾时，闭式喷头热敏感元件动作，喷头开启，管道中的压缩空气从喷头喷出，使干式报警阀出口侧压力下降，造成其前部水压力大于后部气压力，干式报警阀被自动打开，压力水进入供水管道，将剩余的压缩空气从已打开的闭式喷头处推出，然后喷水灭火。在干式报警阀被打开的同时，通向水力警铃和压力开关的通道也被打开，水流冲击水力警铃和压力开关，并启动消防水泵加压供水。

干式自动喷水灭火系统适用于环境温度在 4℃以下和 70℃以上而且不宜采用湿式自动喷水灭火系统的地方。该系统的特点是：干式报警阀后的管道中无水，不怕冻结，不怕温度高；由于闭式喷头动作后有排气过程，所以灭火速度较湿式系统慢；因有充气设备，故建设投资较高，平时管理也比较复杂、要求较高。

（3）预作用自动喷水灭火系统。预作用自动喷水灭火系统由火灾探测报警系统、闭式喷头、预作用阀、充气设备、管道系统、控制组件等组成，如图 1-33 所示。

预作用自动喷水灭火系统，在预作用阀后的管道内平时无水，充以有压或无压气体。

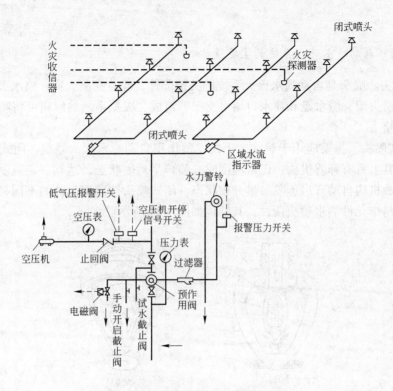

图 1-33　预作用喷水灭火系统的组成

发生火灾时，与闭式喷头一起安装在保护区的火灾探测器，首先发出火警报警信号，报警控制器在接到报警信号后延迟 30s 证实无误后，在声光显示的同时即启动电磁阀将预作用阀打开，使压力水迅速充满管道，把原来呈干式的系统迅速自动转变成湿式系统，完成预作用过程。闭式喷头开启后，立即喷水灭火。

　　这种系统适用于高级宾馆、重要办公楼、大型商场等不允许因误喷而造成水渍损失的建筑物，也适用于干式系统适用的场所。

　　（4）雨淋喷水灭火系统。雨淋喷水灭火系统是喷头常开的灭火系统。建筑物发生火灾时，由自动控制装置打开集中控制阀门，使每个保护区域所有喷头喷水灭火。该系统具有出水量大、灭火及时的优点，适用于火灾蔓延快、危险性大的建筑物或部位。

　　（5）水幕消防系统。水幕消防系统由开式喷头、雨淋阀、控制设备、供水系统组成。其工作原理与雨淋喷水灭火系统基本相同，只是喷头出水的状态及作用不同。在功能上两者的主要区别是，水幕喷头喷出的水形成水帘状，因此水幕系统不直接用于扑灭火灾，而与防火卷帘、防火幕配合使用，用于防火隔断、防火分区以及局部降温保护等。

　　（6）水喷雾灭火系统。水喷雾灭火系统是利用水雾喷头在较高的水压力作用下，将水流分离成细小水雾滴，喷向保护对象而实现灭火和防护冷却作用的。

　　水喷雾灭火系统由水雾喷头、管网、雨淋阀组、给水设备、火灾自动报警控制系统等组成。水喷雾灭火系统用水量少，冷却和灭火效果好，使用范围广泛。该系统用于灭火时的适用范围是：扑救固体火灾、闪点高于 60℃ 的液体火灾和电气火灾。用于防护冷却时的适用范围是：对可燃气体和甲、乙、丙类液体的生产、贮存装置和装卸设施进行防护冷却。

1.4.2.2　自动喷水灭火系统的主要设备

（1）喷头。喷头是自动喷水灭火系统的关键部件，起着探测火灾、喷水灭火的重要作用。喷头由喷头架、溅水盘和喷水口堵水支撑等组成。根据系统的应用可将喷头分为闭式喷头和开式喷头。

1）闭式喷头。主要应用于湿式、干式、预作用自动喷水灭火系统。闭式喷头带有热敏感元件，其上具有释放机构。正常温度时，喷口呈封闭状态，达到一定温度时，感温元件解体，释放机构自动开启、喷口呈开放状态。闭式喷头按感温元件的不同，分为玻璃球洒水喷头和易熔元件洒水喷头两种，其结构如图 1-34 所示。

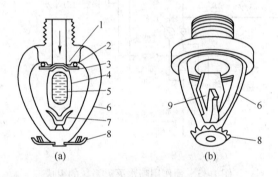

图 1-34　常用闭式喷头的结构示意图
（a）玻璃球洒水喷头；（b）易熔元件洒水喷头
1—阀座；2—填圈；3—阀片；4—玻璃球；5—彩色液体；
6—支架；7—锥套；8—溅水盘；9—锁片

2）开式喷头。主要应用于水幕系统和雨淋喷水灭火系统。开式喷头的喷口无堵水支撑，也无释放机构，呈常开状态，按安装形式可分为直立式和下垂式，按结构可分为单臂和双臂两种。

（2）报警阀。报警阀是自动喷水灭火系统的关键组件之一，具有控制供水、启动系统及发出报警的作用。不同类型的自动喷水灭火系统必须配备不同功能和结构形式的专用报警阀。一般按用途和功能不同分为湿式报警阀、干式报警阀和雨淋阀三类。湿式报警阀用于湿式喷水灭火系统，干式报警阀用于干式喷水灭火系统，雨淋阀主要用于雨淋系统、预作用喷水灭火系统、水幕系统和水喷雾灭火系统。

（3）水力警铃。水力警铃主要用于湿式喷水灭火系统，宜装在报警阀附近。当报警阀打开消防水源后，具有一定压力的水流冲击叶轮打铃报警。

（4）压力开关。压力开关垂直安装于延迟器和水力警铃之间的管道上，在水力警铃报警的同时，依靠警铃内水压的升高自动接通电触点，完成电动警铃报警，向消防控制室传送电信号或启动消防水泵。

（5）延迟器。延迟器是一个罐式容器，安装于报警阀和水力警铃（或压力开关）之间，用来防止由于水压波动等原因引起报警阀开启而导致的误报。报警阀开启后，水流需经 30s 左右充满延迟器后方可冲打水力警铃。

（6）水流指示器。水流指示器用于湿式喷水灭火系统中。当某个喷头开启喷水或管网发生水量泄漏时，管道中的水产生流动，引起水流指示器中浆片随水流而动作，接通延时电路，20～30s 之后，继电器触电吸合，发出区域水流电信号，送至消防室。通常水流指示器安装于各楼层的配水干管或支管上。

复习思考题

1-1 简述建筑给水系统的分类。

1-2 简述建筑给水系统的组成。

1-3 简述给水系统常用的给水方式。

1-4 常用的给水管材有哪些？

1-5 简述离心式水泵的工作原理。

1-6 给水管网布置形式有哪些，各在什么条件下适用？

1-7 消火栓给水系统由哪几部分组成？

1-8 室内消火栓给水系统的布置要求是什么？

项目2 建筑排水

任务2.1 建筑排水系统概述

2.1.1 排水系统分类

根据污、废水的来源，建筑排水系统可分为三类：

（1）生活排水系统。该系统排除生活污水和生活废水。粪便污水为生活污水；盥洗、洗涤等排水为生活废水。

（2）工业废水排水系统。该系统排除生产废水和生产污水。生产废水为工业建筑中污染较轻或经过简单处理后可循环或重复使用的废水；生产污水为生产过程中被化学杂质（有机物、重金属离子、酸、碱等）或机械杂质（悬浮物及胶体物）污染较重的污水。

（3）屋面雨水排水系统。该系统排除建筑屋面雨水和冰、雪融化水。建筑物屋面雨水排水系统应单独设置。

2.1.2 排水系统体制及选择

建筑排水合流制是指生活污水与生活废水、生产污水与生产废水采用同一套排水管道系统排放，或污、废水在建筑物内汇合后用同一排水干管排至建筑物外；分流制是指生活污水与生活废水，或生产污水与生产废水设置独立的管道系统——生活污水排水系统、生活废水排水系统、生产污水排水系统、生产废水排水系统分别排水。

排水系统体制应根据污、废水性质及污染程度、室外排水体制、综合利用要求等诸多因素确定。以下情况宜采用生活污水与生活废水分流的排水系统：

（1）建筑物使用性质对卫生标准要求较高时。分流排水可防止大便器瞬时洪峰流态造成管道中压力波动而破坏水封，避免对室内环境造成污染。

（2）生活排水中废水量较大，且环保部门要求生活污水需经化粪池处理后才能排入城镇排水管道时，采用分流排水可减小化粪池容积。

（3）当小区或建筑物设有中水系统，生活废水需回收利用时应分流排水，生活废水单独收集作为中水水源。

局部受到油脂、致病菌、放射性元素、有机溶剂等污染，以及温度高于40℃的建筑排水，应单独排水至水处理构筑物或回收构筑物。这些排水包括：

（1）职工食堂、营业餐厅的厨房含有大量油脂的洗涤废水。

（2）机械自动洗车台排除的含有大量泥沙的冲洗水。

（3）含有大量致病菌、放射性元素超过排放标准的医院污水。

（4）水温超过40℃的锅炉、水加热器等加热设备的排水。

（5）用作回用水水源的生活排水。

（6）实验室有毒有害废水。

2.1.3　排水系统组成

室内排水系统的任务是要能迅速通畅地将污水排到室外，并能保持系统气压稳定，同时将管道系统内有害气体排到室外而保证室内良好的空气环境。室内排水系统基本组成部分如图 2-1 所示。

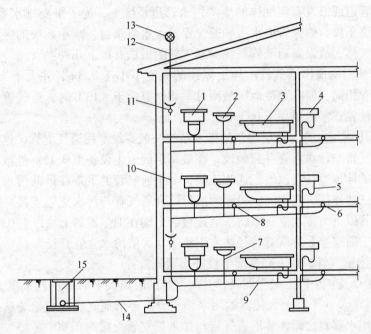

图 2-1　室内排水系统示意图

1—大便器；2—洗脸盆；3—浴盆；4—洗涤盆；5—存水弯；6—清扫口；7—器具排水管；8—地漏；
9—横支管；10—立管；11—检查口；12—伸顶通气管；13—铅丝网罩；14—排出管；15—排水检查井

2.1.3.1　卫生器具或生产设备受水器

卫生器具或生产设备受水器是建筑排水系统的起点，对人们在生活、生产中产生的污、废水进行接纳和收集，再经器具内的存水弯或与器具排水管连接的存水弯排入横支管。存水弯内应经常保持一定高度的水封。

2.1.3.2　排水管道系统

排水管道系统由器具排水管（含存水弯）、横支管、立管、埋地横干管和排出管组成。

（1）器具排水管。指连接卫生器具和排水横支管之间的短管，除坐式大便器外其间还包括水封装置。

（2）排水横支管。将器具排水管流来的污水转输到立管中去，横支管应具有一定的坡度。

（3）排水立管。用于承接各楼层横支管排来的污水。

（4）埋地横干管。指把几根排水立管与排出管连接起来的管段，可根据室内排水立管的数量和布置情况确定是否需要设置埋地横干管。

（5）排出管。其也称出户管，是排水立管或排水横干管与室外排水检查井之间的连接管段。

2.1.3.3 通气管系统

生活污水管道或散发有害气体的生产污水管道系统上，为了平衡排水系统内的压力，创造良好的水流条件，确保管内水流畅通，保护存水弯水封，减小系统的噪声和及时排除系统内的有害气体，故设置通气管系统。通气管的做法有以下几种：

（1）立管伸出屋顶作通气管。伸出屋顶的高度不小于 0.3m，并大于当地积雪高度。其管径可与立管相同，但在寒冷地区最冷月平均气温低于 –13℃ 时，通气管应比立管放大一号，放大的位置在室内吊顶下 0.3m 处。

（2）设专用通气立管。高层建筑的排水系统一般要设专用通气立管，这是国内的通用做法。专用通气管与污水立管并列敷设，在最高层的卫生设备上 0.15m 处或在检查口以上与污水立管上的伸顶通气管以斜三通相连接，专用通气管的下端在最低污水横支管以下与污水立管以斜三通连接。在中间，每隔两层设结合通气管与污水立管连接。结合通气管下端在污水横支管以下与排水立管以斜三通连接，上端在卫生器具上缘以上 0.15m 处与专用通气立管以斜三通连接。通气管管径通常不小于 0.5 倍污水立管管径。

（3）设环形通气管。在下列情况下设环形通气管：

1）连接 4 个及 4 个以上卫生器具，并与立管的距离大于 12m 的污水横支管。

2）连接 6 个及 6 个以上大便器的污水横支管。环形通气管的起始端从排水横支管起端的第一、二用水器具之间，环形通气管与排水横支管交接时用 90° 或 45° 三通向上接出，与通气立管垂直相接。此时通气立管称主通气立管，主通气立管与污水立管之间在顶层和底层用 45° 三通相连接，在楼层中间隔 8～10 层用结合管相连。

（4）器具通气管。对于在卫生和安静方面要求高的建筑，在生活污水管道上边要设置器具通气管。器具通气管是从每个排水设备的存水弯出口处引出通气管，然后从卫生器具上沿 0.15m 处以 0.01 的上升坡度与通气立管相接。

环形通气管和器具通气管系统管线较多，构造复杂，但排水顺畅、噪声小，适用于高层高级住宅、宾馆。

图 2-2 所示为常见的通气管。

2.1.3.4 清通设备

清通设备主要包括检查口、清扫口、检查井，其作用是当管道堵塞时，用于疏通建筑内部排水管道。

（1）检查口。其设在排水立管上及较长的水平管段上，如图 2-3 所示为一带有螺栓盖板的短管，清通时将盖板打开。其装设规定为，立管上除建筑最高层及最低层必须设置外，可每隔两层设置一个，若为两层建筑，可在底层设置。检查口的设置高度一般距地面 1m，并应高于该层卫生器具上边缘 0.15m。

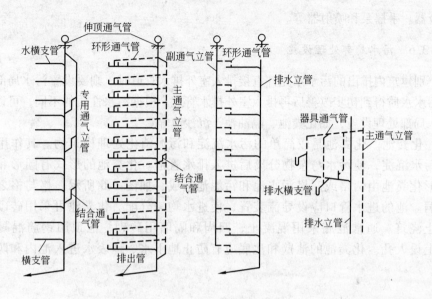

图 2-2　通气管形式

（2）清扫口。当悬吊在楼板下面的污水横管上有 2 个及 2 个以上的大便器或 3 个及 3 个以上的卫生器具时，应在横管的起端设置清扫口，如图 2-4 所示。也可采用带螺栓盖板的弯头、带堵头的三通配件作清扫口。

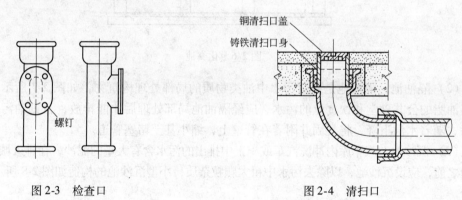

图 2-3　检查口　　　　　　　　　　　　　图 2-4　清扫口

（3）检查井。对于不散发有害气体或大量蒸汽的工业废水的排水管道，在管道转弯、变径处和坡度改变及连接支管处，可在建筑物内设检查井，其构造如图 2-5 所示。在直线管段上，排除生产废水时，检查井的距离不宜大于 30m；排除生产污水时，检查井的距离不宜大于 20m。对于生活污水排水管道，在建筑物内不宜设检查井。

2.1.3.5　污水抽升设备

民用建筑物的地下室、人防建筑物、高层建筑物的地下技术层等地下建筑物内的污水不能自流排至室外时，必须设置抽升设备。常用的污水抽升设备有水泵、

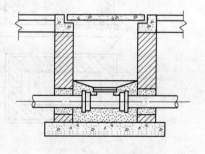

图 2-5　检查井

气压扬液器、手摇泵和喷射器等。

2.1.3.6　污水局部处理设施

当个别建筑内排出的污水不允许直接排入室外排水管道时，则要设置污水局部处理设施，使污水水质得到初步改善后再排入室外排水管道。根据污水性质的不同，可以采用不同的污水局部处理设施，如化粪池、隔油池、沉沙池等。

（1）化粪池。化粪池是较简单的污水沉淀和污泥消化处理构筑物。其作用是使生活粪便污水沉淀，使污水与杂物分离后进入排水管道。化粪池的形式有圆形和矩形两种。矩形化粪池由两格或三格污水池和污泥池组成，如图 2-6 所示。格与格之间设有通气孔洞。池的进水管口应设导流装置，使进水均匀分配。化粪池可采用砖砌筑或钢筋混凝土浇筑。通常池底采用混凝土，四周和隔墙用砖砌，池顶用钢筋混凝土板铺盖，盖上设人孔。化粪池的池壁和池底应有防止地下水、地表水进入池内和防止渗漏的措施。

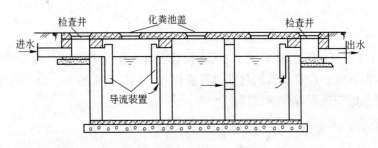

图 2-6　化粪池

（2）隔油池。隔油池是截留污水中油类物质的局部处理构筑物，如图 2-7 所示。含有较多油脂的公共食堂和饮食业的污水，应经隔油池局部处理后才能排放，否则油污进入管道后，随着水温下降，将凝固并附着在管壁上，缩小甚至堵塞管道。

（3）沉沙池。汽车库内冲洗汽车或施工中排出的污水含有大量的泥沙，在排入城市排水管道之前，应设沉沙池，以除去污水中粗大颗粒杂质，小型沉沙池的构造如图 2-8 所示。

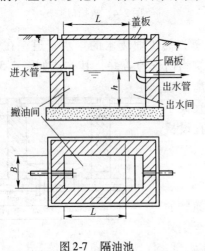

图 2-7　隔油池

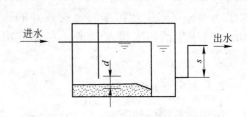

图 2-8　小型沉沙池的构造

s—水封深度，$s \geqslant 100mm$；d—沙坑深度，$d \geqslant 100mm$

任务 2.2　建筑排水管道的布置和敷设

2.2.1　建筑排水管道的布置

建筑内部排水管道的布置与敷设应符合排水畅通、水力条件好；使用安全可靠，不影响室内环境卫生；施工安装、维修管理方便；总管线短，工程造价低；占地面积小；美观等要求。

2.2.1.1　横支管

横支管在建筑底层时可以埋设在地下，在楼层时可以沿墙明装在地板上或悬吊在楼板下。当建筑有较高要求时，可采用暗装，如将管道敷设在吊顶、管沟、管槽内，但必须考虑安装和检修的方便。

架空或悬吊横管不得布置在遇水后会引起损坏的原料、产品和设备的上方，不得布置在卧室及厨房灶上方或布置在食品及贵重物品储藏室、变配电室、通风小室及空气处理室内，以保证安全和卫生。

横管不得穿越沉降缝、烟道、风道，并应避免穿越伸缩缝；必须穿越伸缩缝时，应采取相应的技术措施，如装伸缩接头等。

横支管不宜过长，以免落差过大，一般不得超过10m，并应尽量减少转弯，以避免阻塞。

2.2.1.2　立管

排水立管应设在排水量最大、靠近最脏、杂质最多的排水点处，立管尽量不转弯。但排水立管不得穿越卧室、病房等对卫生、安静有较高要求的房间，并不宜靠近与卧室相邻的内墙。生活污水立管不应安装在与书房相邻的内墙上。

排水立管一般设在墙角处或沿墙、柱垂直布置。立管管壁与墙、柱等表面的净距通常为25~35mm。排水管道与其他管道共同埋设时，最小距离为：水平净距为1~3m，竖向净距为0.15~0.2m。立管穿越楼层时，应预留孔洞或预埋套管。预留孔洞的尺寸一般较通过的立管管径大50~100mm，如表2-1所示，预留套管管径比立管管径大1~2个规格。

表 2-1　排水立管穿越楼板预留孔洞尺寸　　　　　　　　　（mm）

管径 DN	50	75~100	125~150	200~300
孔洞尺寸	100×100	200×200	300×300	400×400

塑料排水立管应避免布置在易受机械撞击处，如不能避免时，应采取保护措施。塑料排水管应避免布置在热源附近，如不能避免，并导致管道表面受热温度大于60℃时，应采取隔热措施。塑料排水立管与家用灶具边净距不得小于0.4m。塑料排水立管应根据环境温度变化、管道布置位置及管道接口形式等考虑设置伸缩节。当建筑层高小于或等于4m时，污水立管和通气立管应每层设一伸缩节；当层高大于4m时，伸缩节数量应根据管道

设计伸缩量和伸缩节允许伸缩量计算确定。

　　排水立管暗装时，通常布置在管道井中，为便于清通维修，应在检查口处设置检修门或检修窗，如图2-9所示。

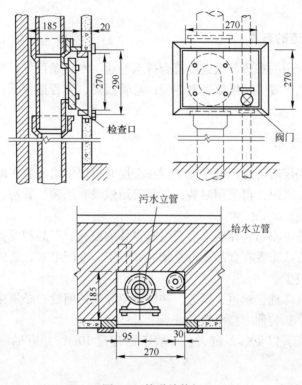

图2-9　管道检修门

2.2.1.3　排出管

　　排出管可埋在建筑底层地面以下或悬吊在地下室的顶板下面。排出管的长度取决于室外排水检查井的位置。检查井的中心距建筑物外墙面一般为 2.5～3m，不宜大于 10m。

　　排出管与立管宜采用两个 45°弯头连接，如图 2-10 所示。对生活饮水箱（池）的泄水管、溢流管、开水器、热水器的排水，或医疗灭菌消毒设备的排水、蒸发式冷却器及空调设备冷凝水的排水、贮存食品或饮料的冷藏库房的地面排水和冷风和浴霸水盘的排水，均不得直接接入或排入污、废水管道系统，采用具有水封的存水弯式空气隔断的间接排水方式，以避免上述设备受到污水污染。排出管穿越承重墙基础时，应防止建筑物下沉压破管道，其防止措施同给水管道。

　　排出管在穿越基础时，应预留孔洞，其大小为：排出管直径 d 为 50mm、75mm、100mm 时，

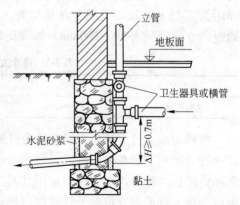

图2-10　排出管与立管的连接

孔洞尺寸为300mm×300mm；管径 d 大于100mm时，孔洞高为 $(d+300)$mm，宽为 $(d+200)$mm。

2.2.1.4　通气管

伸顶通气管高出屋面不得小于0.30m，且必须大于最大积雪厚度，以防止积雪覆盖通气口。对平屋顶屋面，若有人经常逗留活动，则通气管应高出屋面2.0m，并应根据防雷要求考虑设置防雷装置。在通气管出口4m以内有门窗时，通气管应高出门窗顶0.6m或引向无门窗的一侧。在通气管出口不宜设在建筑物的挑出部分（如屋檐口、阳台、雨篷等）的下面，以免影响周围空气的卫生情况。

通气管不得与建筑物的风道或烟道连接，通气管的顶端应装设网罩或风帽。通气管与屋面交接处应防止漏水。

2.2.2　建筑排水管道的敷设

建筑排水管道的敷设有两种方式：明敷和暗敷。明敷管道应尽量靠墙、梁、柱平行设置，保持室内的美观。明装管道的优点是造价低、施工检修方便，缺点是卫生条件差，不美观。暗敷管道的立管可设在管道竖井或管槽内，或用装饰材料封盖；横支管可嵌设在管槽内，或敷设在吊顶内；有地下室时，排水横支管应尽量敷设在顶棚下。有条件时可和其他管道一起敷设在公共管沟和管廊中。暗敷管道的优点是不影响卫生，室内较美观，但造价高，施工和维修均不方便。建筑排水管道明敷或暗敷布置应根据建筑物的性质、使用要求和建筑平面布局确定。在气温较高、全年不结冻的地区，也可沿建筑物外墙敷设。

排水管道外表面如有可能结露，应根据建筑物性质和使用要求，采取防结露措施。防结露措施同给水管道保温做法。

任务2.3　排水管材及卫生器具

2.3.1　排水管材

建筑排水管材主要有排水铸铁管、塑料管、钢管、带釉陶土管、混凝土管等。生活污水管道一般采用排水铸铁管或塑料管。工业废水管道可根据污水的性质选用相应的管材。

（1）排水铸铁管。排水铸铁管是目前常用的管材，其管长一般为1.0～1.5m，管径在50～200mm之间，因不承受水压力，故管壁较给水铸铁管薄，其规格见表2-2。

表2-2　建筑内常用排水铸铁管规格

公称直径/mm	外径/mm	壁厚/mm	参考质量/kg·m^{-1}
50	59	4.5	5.55
75	85	5	9.05
100	110	5	11.88

公称直径/mm	外径/mm	壁厚/mm	参考质量/kg·m^{-1}
125	136	5.5	16.24
150	161	5.5	19.35
200	212	6	27.96

排水铸铁管耐腐蚀、价格便宜，但脆性高、重量大，常用于生活污水管道和雨水管道，在振动较小的生产车间，也可用于工业废水管道。

排水铸铁管采用承插式接口，接口应以麻丝充填，用水泥或石棉水泥打口（捻口），不得用一般水泥砂浆抹口。高层建筑排水铸铁管必须采用柔性接头，一般采用橡胶密封圈，以螺栓紧固连接。

排水铸铁管直管有承插直管和双承直管两种。管道的连接通过管件实现。常用管件如图 2-11 所示。

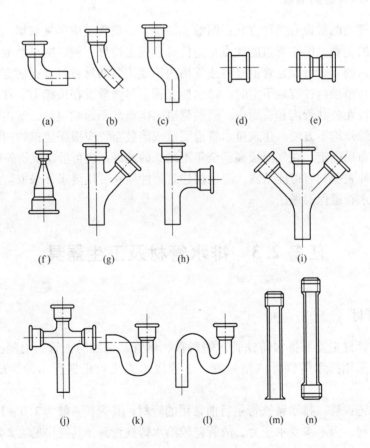

图 2-11　排水铸铁管及管件

（a）90°弯头；（b）45°弯头；（c）乙字管；（d）套筒；（e）双承管；（f）大小头；（g）斜三通；
（h）正三通；（i）斜四通；（j）正四通；（k）P 存水弯；（l）S 存水弯；（m）承插直管；（n）双承直管

为改善排水管道的水力条件，管道应尽量采用 45°三通或 45°四通和 90°斜三通或 90°斜四通进行连接，铸铁管管件的连接如图 2-12 所示。

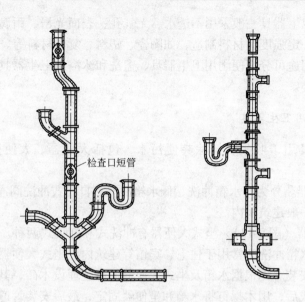

检查口短管

图 2-12　铸铁管管件连接

（2）塑料管。目前常用的排水塑料管是硬聚氯乙烯塑料管，其管壁比给水塑料管薄，规格见表 2-3。

表 2-3　排水硬聚氯乙烯塑料管规格

公称直径/mm	40	50	75	100	150
外径/mm	40	50	75	110	160
壁厚/mm	2.0	2.0	2.3	3.2	4.0
参考质量/g·m^{-1}	341	431	751	1535	2803

塑料管具有优良的化学稳定性、耐腐蚀、内外壁光滑、不易结垢、重量轻、价格低、容易切割、便于施工与安装等优点；但其强度低，耐温性差，易产生噪声。其常用于排放温度为 −5 ~ +50℃ 的污水。

用作器具排水管的小管径排水塑料管一般采用螺纹连接；大管径管道一般采用承插连接，接口用粘接剂粘牢。

（3）钢管。钢管主要用作洗脸盆、浴盆、小便器等卫生器具的器具排水管，在振动较大的地方也可以用钢管来代替铸铁管。镀锌钢管用作器具排水管时，宜采用螺纹连接；非镀锌钢管代替铸铁管时，也可以采用焊接方法连接。

（4）带釉陶土管。该种管材耐酸碱腐蚀，但强度低、脆性大，一般用于排放腐蚀性废水。陶土管常采用承插式连接。

（5）混凝土管和钢筋混凝土管。该种管材多用于室外排水管道。直径在 400mm 以下时采用混凝土管；直径在 400mm 以上时采用钢筋混凝土管。

2.3.2　卫生器具

卫生器具是指用于收集和排除生产、生活中产生的污、废水的设备，是室内排水系统的重要组成部分。卫生器具一般采用不透水、无气孔、表面光滑、耐腐蚀、耐磨损、耐冷热、便于清扫、有一定强度的材料制造，如陶瓷、塑料、复合材料等。

卫生器具按其用途可分为便溺用卫生器具、盥洗和沐浴用卫生器具、洗涤用卫生器具和专用卫生器具四类。

2.3.2.1　便溺用卫生器具

便溺用卫生器具用于收集、排除粪便污水，包括大便器、大便槽、小便器和小便槽等。

（1）蹲式大便器。分为高水箱冲洗、低水箱冲洗和自闭式冲洗阀冲洗三种。多用于公共卫生间、医院等一般建筑物内。

（2）坐式大便器（图2-13）。坐式大便器有冲洗式和虹吸式两种。坐式大便器本身带有水封，多采用低水箱冲洗，常用于住宅、宾馆等建筑内。坐式大便器及低位水箱应在墙及地面完成后进行安装。先根据水箱及坐式大便器的位置埋设木砖，其表面应和装饰前封面平齐，待饰面完成后，用木螺钉将水箱和坐便器固定，最后安装管道。

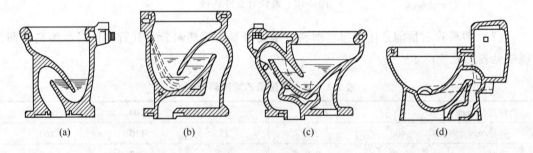

图2-13　坐式大便器
（a）冲洗式；（b）虹吸式；（c）喷射虹吸式；（d）旋涡虹吸式

（3）大便槽。大便槽多用于学校、火车站、汽车站、码头及游乐场所等人员集中的公共厕所，常用瓷砖贴面，造价低。大便槽一般宽200～300mm，起端槽深350mm，槽的末端设有高出槽底150mm的挡水坎，槽底坡度不小于0.015，排水口设存水弯。

（4）小便器。小便器一般设于公共建筑的男厕所内，有挂式和立式两种，立式小便器用于标准高的建筑，冲洗方式多为水压冲洗。

（5）小便槽。小便槽在同样面积下比小便器可容纳的使用人数多，且构造简单经济，多用于工业建筑、公共建筑、集体宿舍和教学楼的男厕所中。

2.3.2.2　盥洗和沐浴用卫生器具

（1）洗脸盆。一般用于洗脸、洗手、洗头，常设置在盥洗室、浴室、卫生间和理发室，也用于公共洗手间、医院各治疗间和厕所等。洗脸盆安装分为墙架式、立柱式和台式三种。

（2）盥洗槽。盥洗槽常设置在同时有多人使用的地方，如集体宿舍、教学楼、车站、码头、工厂生活间内。通常采用砖砌抹面、水磨石或瓷砖贴面现场建造而成。

（3）浴盆。浴盆一般用陶瓷、搪瓷、玻璃钢、塑料等制成。设在住宅、宾馆、医院等的卫生间或公共浴室，供人们清洁身体。浴盆配有冷、热水或混合水龙头，并配有淋浴设备。浴盆有长方形、方形、斜边形和不规则形状。

（4）淋浴器。淋浴器具有占地面积小、清洁卫生、避免疾病传染、耗水量小、设备费用低、可现场制作安装等特点，多用于工厂、学校、机关、部队的公共浴室和体育场馆内。

2.3.2.3 洗涤用卫生器具

（1）洗涤盆。常设在厨房或公共食堂内，用作洗涤碗碟、蔬菜等。洗涤盆规格不一，材质多为陶瓷或砖砌后瓷砖贴面，较高质量的为不锈钢制品。

（2）污水池。常设置在公共建筑的厕所、盥洗室内，供洗涤拖把、打扫卫生或倾倒污水用。多为砖砌贴瓷砖现场制作安装。

（3）化验盆。化验盆设置在工厂、科研机关和学校的化验室或实验室内，根据需要安装单联、双联、三联鹅颈水龙头。

2.3.2.4 专用卫生器具

（1）地漏。地漏用于收集和排除室内地面积水或池底污水。由铸铁、不锈钢或塑料制成，有普通地漏和多通道地漏等多种形式，常设置在厕所、盥洗室、厨房、浴室及需经常从地面排水的场所。安装地漏时，地漏周边应无渗漏，水封深度不得小于50mm。地漏设于地面时，应低于地面5~10mm，地面应有不小于0.01的坡度坡向地漏。

（2）水封装置。常用的水封装置有存水弯、水封井等。卫生器具和工业废水受水器与生活排水管道或其他可能产生有害气体的排水管道连接时，为防止有害气体侵入室内，应在排水口以下设存水弯，且存水弯水封深度不得小于50mm。当卫生器具的构造中已有存水弯（如坐便器、内置水封的挂式小便器、地漏等）时，不应再设存水弯。存水弯的形状有P形、S形、U形、钟罩形、间壁形等多种形式，如图2-14所示。实际工程中可根据安

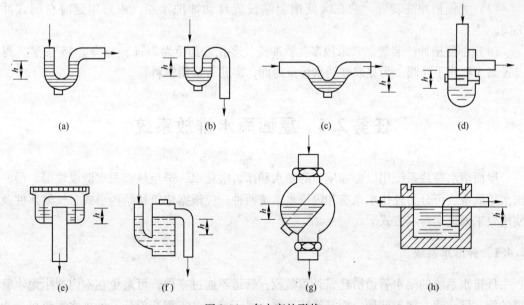

图2-14 存水弯的形状
(a) P形；(b) S形；(c) U形；(d) 瓶形；(e) 钟罩形；(f) 筒形；(g) 间壁形；(h) 水封形

装条件选用。

2.3.2.5　便溺器具的冲洗装置

便溺器具的冲洗装置有如下几种：

（1）坐式大便器冲洗装置。常采用低水箱和直接连接管道进行冲洗。冲洗水箱的构造如图 2-15 所示。

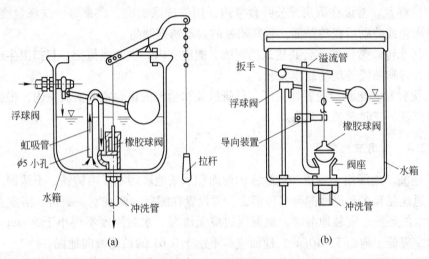

图 2-15　手动冲洗水箱
（a）虹吸式水箱；（b）冲洗式水箱

（2）蹲式大便器冲洗装置。有高水箱和直接连接给水管加延时自闭式冲洗阀，为节约用水量，有条件时尽量设置自动冲洗水箱。延时自闭式冲洗阀的安装与坐式大便器相同。

（3）大便槽冲洗装置。常在大便槽起端设置自动冲洗水箱，或采用延时自闭式冲洗阀。

（4）小便槽冲洗装置。常采用多孔管冲洗，多孔管孔径为 2mm，与墙呈 45°安装，可设置高水箱或手动阀。为克服铁锈水污染封面，多孔管常用塑料管。

任务 2.4　屋面雨水排放系统

屋面雨水排放系统用以排除屋面的雨水和冰雪融化水，避免屋面积水造成渗漏。屋面雨水排放系统可分为外排水系统和内排水系统两种，应根据建筑物结构形式、气候条件及使用要求来选定排水方式。

2.4.1　外排水系统

外排水系统的雨水管道沿建筑外墙敷设，管道不通过室内，可避免在室内产生雨水管道的跑、冒、滴、漏等问题，而且系统简单，易于施工，工程造价低。外排水系统可分为檐沟外排水系统和天沟外排水系统。

2.4.1.1　檐沟外排水系统

檐沟外排水系统由檐沟和水落管组成,如图 2-16 所示。屋面雨水沿具有一定坡度的屋面汇集到檐沟中,然后再流入按一定间隔设置于外墙面的水落管排至地面、明沟或经雨水口流入雨水管道。水落管多采用铸铁管或镀锌铁皮管,也可采用石棉水泥管、UPVC 管等,一般为圆形断面,管径为 75mm 或 100mm,镀锌铁皮管的断面也可为矩形,断面尺寸一般为 80mm × 100mm 或 80mm × 120mm。水落管的间距设置与降雨量及一根水落管服务的屋面面积有关,根据经验,民用建筑约为 8 ~ 16m,工业建筑约为 18 ~ 24m。檐沟外排水系统适用于普通住宅、屋面面积较小的公共建筑和单跨工业厂房等,该系统不能用于解决多跨厂房内跨的雨水排除问题。

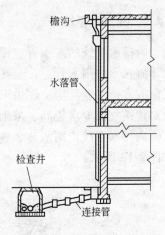

图 2-16　檐沟外排水系统

2.4.1.2　天沟外排水系统

天沟外排水系统由天沟、雨水斗和雨水立管组成。屋面雨水沿坡向天沟的屋面汇集到天沟,再沿天沟流入雨水斗,经雨水立管排至地面、明沟或雨水管道。天沟断面多为矩形;为确保天沟水流通畅,天沟单向长度一般不宜大于 50m;天沟坡度不宜小于 0.003,一般为 0.003 ~ 0.006,坡度过小则难以施工,易造成积水;为防止漏水,天沟应以建筑物的伸缩缝、沉降缝作为分水线,在其两边设置。天沟外排水系统适用于长度不超过 100m 的多跨工业厂房。天沟布置及其与雨水管的连接分别如图 2-17 和图 2-18 所示。

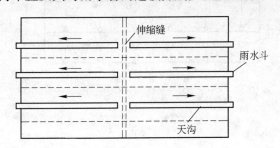

图 2-17　天沟布置示意图

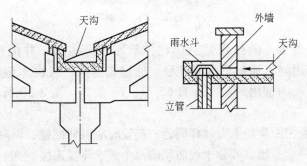

图 2-18　天沟与雨水管的连接

2.4.2　内排水系统

内排水系统的雨水管道设置在室内，屋面雨水沿具有坡度的屋面汇集到雨水斗，经雨水斗流入室内雨水管道，最终排至室外雨水管道。内排水系统适用于长度特别大或屋面有天窗的多跨工业厂房、锯齿形或壳形屋面的建筑、大面积平屋顶建筑、寒冷地区的建筑以及对建筑立面要求较高、采用外排水有困难的建筑。

内排水系统由雨水斗、连接管、悬吊管、立管、排出管、埋地干管和检查井等组成，如图 2-19 所示。

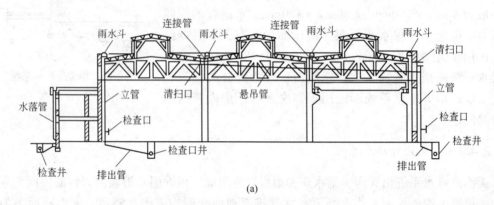

(a)

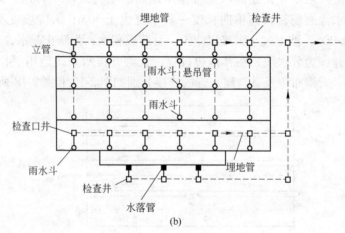

(b)

图 2-19　内排水系统
(a) 剖面图；(b) 平面图

（1）雨水斗。雨水斗的作用是迅速地排除屋面雨雪水，并能将粗大杂物拦阻下来。为此，要求选用导水通畅、水流平稳、通过流量大、天沟水位低、水流中掺气量小的雨水斗。目前我国常用的雨水斗有 65 型、79 型等，图 2-20 所示为雨水斗组合示意图。

雨水斗的个数及间距应经水力计算确定，布置时应以伸缩缝、沉降缝和防火墙为分水线，两边各自设为一套系统，若分水线两侧的两个雨水斗需连接在同一根立管或悬吊管上时，应采用柔性接头，并保证密封、不漏水。在布置雨水斗时还应使每个雨水斗的集水面

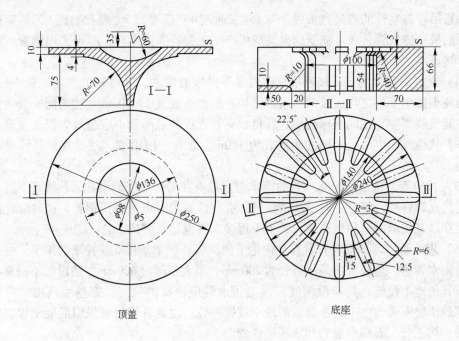

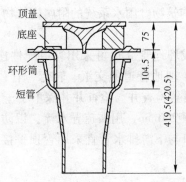

图 2-20　雨水斗组合示意图

积尽量均匀，并便于与悬吊管或雨水立管连接。当采用多斗系统时，雨水斗宜对称布置在立管的两侧，且立管顶端不能设置雨水斗。寒冷地区的雨水斗应设置在屋面积雪易融区内，如易受室内温度影响的屋面及雪水易融化范围内的天沟内。

（2）连接管。连接管是连接雨水斗和悬吊管的一般竖向短管，多采用铸铁管或钢管，其管径一般与雨水斗短管的管径相同，但不得小于 100mm，并应牢固地固定在建筑物的承重结构上。

（3）悬吊管。工业厂房因地面上设备基础和生产工艺情况，无法在室内地下敷设雨水横管时，可采用悬吊管来排水。

悬吊管用于承接连接管排来的雨水并将其排入雨水立管。悬吊管一般采用明装，沿屋架、墙、梁或柱布置，并应与之牢固固定。悬吊管的管径不得小于与之相连的连接管管径，也不宜大于 300mm，敷设的坡度应不小于 0.005。悬吊管长度超过 15m 时，应在悬吊管起始端和管中装设检查口或带法兰盘的三通，其间距不得大于 20m，位置应靠近墙、柱敷设。悬吊管与立管的连接宜采用 2 个 45°三通或 45°四通和 90°斜三通或 90°斜四通。悬吊管一般采用铸铁管,在可能受到振动或生产工艺有特殊要求时,亦可采用钢管,连接方式为焊接。

（4）立管。立管用于承接悬吊管或雨水斗排来的雨水,并将其引入埋地管或排出管。立管管径不得小于与之相连接的悬吊管管径,但也不宜大于 300mm。接入同一根立管的雨水斗,其安装高度宜在同一标高层,且每根立管连接的悬吊管不应超过 2 根。立管上应设检查口,从检查口中心至地面的距离宜为 1.0m。立管一般沿墙、柱设置,其管材与悬吊管相同。

（5）排出管。排出管是将立管的雨水引入检查井的一段埋地横管,其管径不得小于与之相连的立管管径,管材一般采用铸铁管,有特殊要求时也可采用钢管,接口应焊接。排出管在穿越基础墙时应预留孔洞,管上不得接入其他排水管道。

（6）埋地管。埋地管是布置在室内地下的横管,用于承接立管排来的雨水,并将其引入室外雨水管道。埋地管的最小管径为 200mm,最大不超过 600mm,敷设时不得穿越设备基础或其他地下设施,其埋设深度应满足污水管道埋深的规定,穿越墙基础时应预留孔洞,其最小坡度可与生产废水管道的最小坡度一致。埋地管管材可采用混凝土管、钢筋混凝土管、陶土管、石棉水泥管和承压铸铁管等。

（7）雨水系统的附属构筑物。雨水系统的附属构筑物主要有检查井、检查口井和排气井等。

检查井用于连接立管或埋地管（也可采用管道配件连接）。在敞开式内排水系统中,排出管与埋地管的连接处,埋地管道的交汇、转弯、管径及坡度的改变处以及长度超过 30m 的直线管段上,均应设置检查井。检查井井深不小于 0.7m,井径不小于 1.0m,井内应设置高流槽,并高出管顶 200mm,用来疏导水流,以防溢水,如图 2-21a 所示。接入检查井的雨水排出管,其出口与下游排水管宜采用管顶平接法,且水流转角不得小于 135°,如图 2-21b 所示。

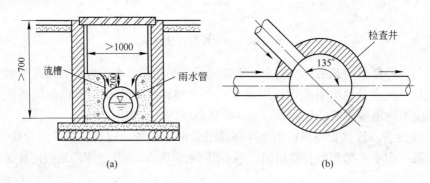

图 2-21　检查井
（a）高流槽检查井；（b）检查井接管要求

检查口井就是将密闭式内排水系统中设置于埋地管上的检查口安放在检查井内,以方便检修。

排气井的作用是避免雨水从检查井内上冒,多设置于敞开式内排水系统中。在靠近埋地管起始端的几根排出管宜先接入排气井，使水流在排气井中经过消能、气水分离后再平稳流入检查井，而气体则由排气管排出，如图 2-22 所示。

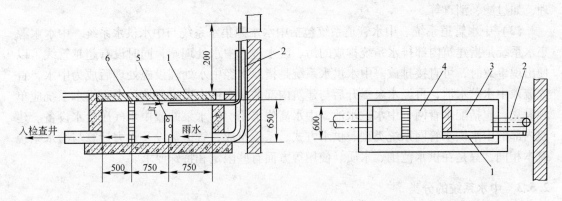

图 2-22　排气井
1—排气管；2—雨水立管；3—消能室；4—整流室；5—溢流墙；6—整流格栅

任务 2.5　建筑中水系统

2.5.1　建筑中水系统概述

所谓"中水"，是相对于"上水"（给水）和"下水"（排水）而言的，其水质介于给水和排水之间。建筑中水包括建筑内部中水和建筑小区中水。建筑中水系统是指将建筑或建筑小区内使用后的生活污、废水经适当处理后，达到规定的使用标准（《生活杂用水水质标准》），再供给建筑或建筑小区作为杂用水（非饮用水）重复使用的供水系统，其水质介于生活饮用水和污水之间。

随着国民经济的发展及城市用水量的大幅度上升，给水量和排水量日益增大，大量污、废水的排放严重污染了环境和水源，造成水资源日益不足，水质日益恶化。在这种情况下，中水技术得到了越来越多的应用，并已形成了一定的规模。建筑中水技术的开发利用具有较大的现实意义：它不但可以有效地利用和节约有限的淡水资源，而且可减少污、废水的排放量，减轻对环境的污染，同时还可缓解城市下水道的超负荷运行现象，具有明显的社会效益、环境效益和经济效益。建筑中水设计适用于缺水地区的各类民用建筑和建筑小区的新建、扩建和改建工程。

2.5.2　建筑中水系统的组成

建筑中水系统由中水水源系统、中水处理设施和中水管道系统组成。

（1）中水水源系统。中水水源系统是指确定为中水水源的建筑物原排水的收集系统。它分为污、废水合流系统和污、废水分流系统。一般情况下，为简化处理，推荐采用污、废水分流系统。

（2）中水处理设施。中水处理设施包括预处理设施和主要处理设施。预处理设施有化粪池、格栅和调节池。主要处理设施有沉淀池、气浮池、生物接触氧化池、生物转盘等。当中水水质要求高于杂用水时，应根据需要增加深度处理，即中水再经过后处理设施处理，如过滤、消毒等。

（3）中水管道系统。中水管道系统包括中水水源集水系统与中水供水系统。中水水源集水系统是指建筑内部排水系统排放的污、废水进入中水处理站，同时设有超越管线，以便出现事故时，可直接排放。中水供水系统是指原水经中水处理设施处理后成为中水，首先流入中水贮水池，再经水泵提升后与建筑内部的中水供水系统连接。中水供水系统应单独设立，包括配水管网、中水贮水池、中水高位水箱、中水泵站或中水气压给水设备。建筑内部的中水供水管网系统类型、供水方式、系统组成、管道敷设及水力计算与给水系统基本相同，只是在供水范围、水质、使用等方面有些限定和特殊要求。

2.5.3　中水系统的分类

中水系统按其服务范围可分为建筑中水系统、小区中水系统和城镇中水系统。

（1）建筑中水系统。建筑中水系统是指单幢建筑的中水系统，原水取自建筑物内的排水，经处理达到中水水质标准后回用，可利用生活给水补充中水水量，如图 2-23 所示。建筑中水系统具有投资少、见效快的特点，是目前使用最多的中水系统。

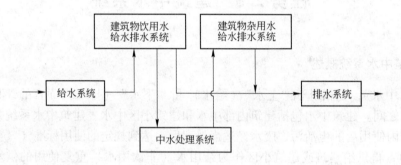

图 2-23　建筑中水系统框图

（2）小区中水系统。小区中水系统如图 2-24 所示，适用于居住小区、大中专院校、机关单位等建筑群。中水水源来自小区内各建筑排放的污、废水。室内饮用水和中水供应采用双系统分质供水，污水按生活废水和生活污水分质排放。

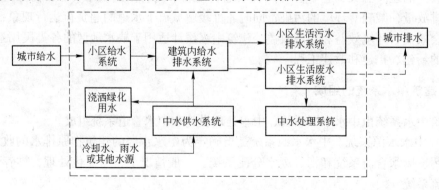

图 2-24　小区中水系统框图

（3）城镇中水系统。城镇中水系统如图 2-25 所示，以经城镇二级污水处理厂处理的出水和雨水作为中水水源，经中水处理站处理达到生活杂用水水质标准后，供城镇杂用水使用。目前采用较少。

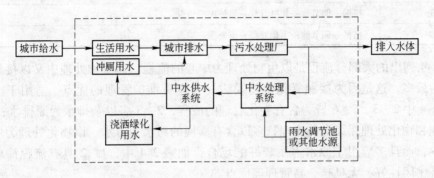

图 2-25　城镇中水系统框图

2.5.4　中水水源

（1）中水水源的选用。中水水源的选用应根据原排水的水质、水量、排水状况和中水所需的水质、水量确定。中水水源一般为生活污水、冷却水、雨水等。医院污水不宜作为中水水源。根据所需中水水量，应按污染程度的不同优先选用优质杂排水，可按以下顺序选用：冷却水—淋浴排水—盥洗排水—洗衣排水—厨房排水—厕所排水。

（2）中水供应对象。在建筑各种用途的用水中，有部分用水很少与人体接触，有的在密闭体系中使用，不会影响使用者的身体健康，从保健、卫生角度出发，以下用途的用水可考虑由中水供给：冲洗厕所用水、喷洒用水、洗车用水、消防用水、空调冷却用水、娱乐用水（水池、喷泉等）。

（3）原排水水质与水量。中水来自于建筑的原排水，所以原排水的水质、水量状况，是选择中水水源的主要依据。生活污水包括人们日常生活中排出的生活废水和粪便污水。除粪便污水外的各种排水，如冷却水、沐浴排水、盥洗排水、洗衣排水、厨房排水，称为杂排水。以上杂排水中除去厨房排水即优质杂排水。

2.5.5　中水处理

（1）中水处理的工艺流程。中水处理的工艺流程应根据中水原水的水量、水质和中水使用要求等因素，进行技术经济比较后确定。常见的处理工艺流程见表 2-4。

表 2-4　常用中水处理的工艺流程

序　号	处理工艺流程
1	格栅—调节池—混凝气浮（沉淀）—化学氧化—消毒
2	格栅—调节池——级生化处理—过滤—消毒
3	格栅—调节池——级生化处理—沉淀—二级生化处理—沉淀—过滤—消毒
4	格栅—调节池—絮凝沉淀（气浮）—过滤—活性炭—消毒
5	格栅—调节池——级生化处理—混凝沉淀—过滤—活性炭—消毒

序　号	处理工艺流程
6	格栅—调节池——级生化处理—二级生化处理—混凝沉淀—过滤—消毒
7	格栅—调节池—絮凝沉淀—膜处理—消毒
8	格栅—调节池—生化处理—膜处理—消毒

表2-4列出的大部分流程是以生物处理为中心的流程，而生物处理中又以接触氧化生物膜法为最多，这是因为接触氧化生物膜法具有容易维护管理的优点，适用于小型水处理。表2-4中2、3、5、6皆为含有生化处理的流程，2、3多以杂排水为原排水；5、6为生化处理和物化处理相结合的流程，多以含有粪便的污水为原水。以物化处理为主的处理流程较少，而且多应用于原水水质较好的场合，如表2-4中，1、2具有流程简单、占地少、设备密闭性好、无臭味、易管理等优点。

（2）中水处理的主要设备。从以上中水处理工艺流程看，中水处理的主要设备有：格栅（格网）、调节池、沉淀（气浮）池、接触氧化池、生物转盘、絮凝池、滤池、消毒设备、活性炭吸附设备等。这些设备大多有定型产品，可根据工艺流程的需要选用。

（3）中水利用的要求。目前，建筑中水主要作为建筑杂用水和城市杂用水，如绿化用水、冲厕、道路清扫、车辆冲洗、消防、建筑施工、冷却用水等。

为了更好地开展中水利用，确保中水的安全使用，中水水质必须满足下列要求：

1）卫生上安全可靠，无有害物质，其主要衡量指标有大肠菌群数、细菌总数、余氯量、悬浮物量、生化需氧量及化学需氧量等。

2）外观上无使人不快的感觉，其主要衡量指标有浊度、色度、气味、表面活性剂和油脂等。

3）不引起管道和设备的腐蚀、结垢及维修管理困难，其主要衡量指标有pH、硬度、蒸发残渣及溶解性物质等。

（4）安全防护。为了保证建筑中水系统的安全稳定运行和中水的正常使用，除了应确保中水回用水质符合卫生学方面的要求外，在中水系统敷设和使用过程中还应采取以下安全防护措施：

1）中水管道严禁与生活饮用水给水管道相接，包括通过倒流防止器或防污隔断阀连接，以免误用和污染生活饮用水。

2）室内中水管道宜明装敷设，有要求时也可敷设在管井、吊顶内，不宜暗装于墙体和楼面内，以便于检查维修。

3）中水贮存池（箱）内的自来水补水管应采取自来水防污染措施，补水管出水口应高于中水贮存池（箱）内溢流水位，其间距不得小于管径的2.5倍，严禁采用淹没式浮球阀补水。

4）中水管道与生活饮用水给水管道、排水管道平行埋设时，中水管道与其他专业管道的间距应按《建筑给水排水设计规范》（GB 50015—2003）中给水管道要求执行。

5）中水贮存池（箱）的溢流管、泄空管不得直接与下水道连接，应采用间接排水的隔断措施，以防止下水道污染中水水质。溢流管和排气管应设网罩防止蚊虫进入。

6）中水管道应采取下列防止误接、误用、误饮的措施：

①中水管道外壁应涂浅绿色标志，以严格与其他管道相区别；

②水池（箱）、阀门、水表及给水栓、取水口均应有明显的"中水"标志；

③公共场所及绿色的中水取水口应设置带锁装置，车库中用于冲洗地面和洗车用的中水水龙头也应上锁或明示不得饮用；

④工程验收时应逐段进行检查，防止误接。

任务 2.6　高层建筑排水系统

2.6.1　排水系统

建筑内部生活污水，按其污染性质可分为两种：一种是粪便污水；另一种为盥洗、洗涤污水。这两种污水可分流或合流排出。

在水资源紧张地区兴建的高层建筑和小区建筑群，为了节约用水，可采用中水系统作为冲洗粪便用水，从而为综合利用水资源创造条件。这样，高层建筑生活污水应采用分流排水系统。

2.6.2　高层建筑排水方式

高层建筑排水立管长，排水量大，立管内气压波动大，排水系统功能的好坏很大程度上取决于排水管道通气系统是否合理，这是高层建筑排水系统的特点之一。

2.6.2.1　设通气管的排水系统

当层数在 10 层及 10 层以上且承担的设计排水流量超过排水立管允许负荷时，应设置专用通气立管。如图 2-26 所示，排水立管与专用通气立管每隔两层设共轭管相连接。对于使用要求较高的建筑和高层公共建筑亦可设置环形通气管、主通气立管或副通气立管，如图 2-27 所示。对卫生、安静要求较高的建筑物内，生活污水管道宜设器具通气管。

通气管管径应根据排水管负荷、管道长度决定，一般不小于排水管管径的 1/2，其最

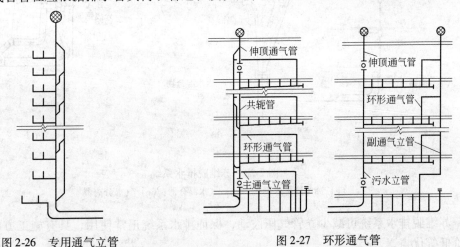

图 2-26　专用通气立管　　　　　　　　　图 2-27　环形通气管

小管径可按表 2-5 确定。

表 2-5 通气管最小管径

通气管名称	污水管管径/mm						
	32	40	50	80	100	125	150
器具通气管	32	32	32	—	50	50	—
环形通气管	—	—	32	40	50	50	—
通气立管	—	—	40	50	75	100	100

2.6.2.2 苏维脱排水系统

图 2-28a 所示为苏维脱排水系统，系统有两个特殊部件。

（1）气水混合器。如图 2-28b 所示，气水混合器为一长 80cm 的连接配件，装置在立管与每根横支管相接处，气水混合器有三个方向可接入横支管，混合器的内部有一隔板，隔板上部有约 1cm 高的孔隙，隔板的设置使横支管排出的污水仅在混合器内右半部形成水塞，此水塞通过隔板上部的孔隙从立管补气并同时下降，降至隔板下，水塞立即破坏而呈膜流沿立管流下。

（2）气水分离器。如图 2-28c 所示，气水分离器装置在立管底部转弯处。沿立管流下的气水混合物遇到分离器内部的凸块后被溅散，从而分离出气体（约 70%以上），减少了污水和体积，降低了流速，使空气不致在转弯处受阻；另外，还将分离出来的气体用一根跑气管引到干管的下游（或返向上部立管中去），这就达到了防止立管底部产生过大正压的目的。

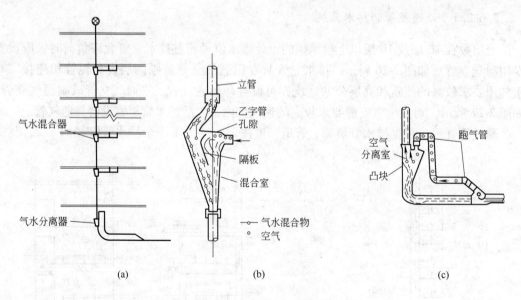

图 2-28 苏维脱排水系统
（a）苏维脱排水系统；（b）气水混合器；（c）气水分离器

苏维脱排水系统可减少立管气压波动，保证排水系统正常使用，具有施工方便、工程造价低等优点。

2.6.2.3   空气芯水膜旋流排水系统

如图 2-29a 所示，这种排水系统包括两个特殊的配件。

（1）旋流连接配件。其构造如图 2-29b 所示，接头中的固定式叶片，能使立管中下落的水流或横支管中流入的水流沿管壁旋转而下，使立管从上至下形成一条空气芯。由于空气芯的存在，使立管内的压力变化很小，从而避免了水封被破坏，提高了立管的排水能力。

（2）特殊排水弯头。在排水立管底部装有有特殊叶片的弯头，如图 2-29c 所示，叶片装在立管的"凸岸"一边，迫使下落水流溅向对壁并沿着弯头后方流下，这就避免了在横干管内发生水跃而封闭住立管内的气流，造成过大的正压。

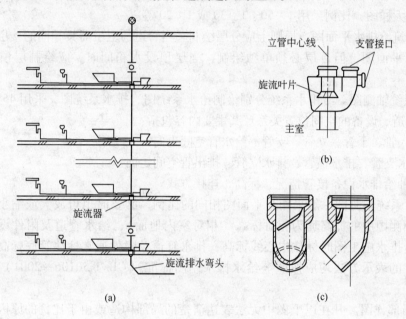

图 2-29   空气芯水膜旋流排水系统
（a）空气芯排水系统；（b）旋流器；（c）旋流排水弯头

2.6.3   高层建筑排水管材

高层建筑的排水立管高度大，管中流速大，冲刷能力强，应采用比普通排水铸铁管强度高的管材。对高度很大的排水立管应考虑采取消能措施，通常在立管每隔一定的距离装设一个"乙"字弯管。由于高层建筑层间位变较大，立管接口应采用弹性较好的柔性材料连接，以适应变形要求。

任务 2.7   建筑给排水施工图识读

2.7.1   建筑给排水施工图的组成及内容

建筑给排水施工图一般由平面图、系统轴测图、局部详图、设计说明及主要设备材料表几部分组成。

（1）平面图。建筑给排水平面图表示建筑物内各层给排水管道及卫生设备的平面布置情况，其内容包括：

1）建筑的平面布置情况，给水排水点位置。

2）给排水设备、卫生器具的类型、平面布置、污水构筑物位置和尺寸。

3）引入管、干管、立管、支管的平面位置，走向、规格、编号、连接方式等。

4）管道附件（阀门、水表、喷头、消火栓等）的平面位置、规格、种类、敷设方式等。

建筑给排水平面图一般采用与建筑平面图相同的比例，常用比例1∶100，必要时也可绘制卫生间大样图，比例采用1∶50、1∶30或1∶20等。

多层建筑给排水平面图，原则上应分层绘制。当管道与卫生器具相同的楼层可以绘制一张给排水平面图，但首层必须单独绘制，当层顶设水箱间时，应绘制层顶给排水平面图。

（2）系统轴测图。给排水系统分别绘制给水系统图、排水系统图，采用45°轴测投影原理反映管道、设备的空间位置关系。其主要内容包括：

1）引入管、干管、立管、支管等给水管空间走向。

2）排水支管、排水横管、排水立管、排出管空间走向。

3）各种给排水设备接管情况，标高、连接方式。

给排水系统轴测图一般采用与平面图相同的比例，必要时也可放大或缩小，不按比例绘制。轴测图中的标高均为相对标高（相对室内地面），给水管道及附件设置标高通常在绘制给排水施工图时标注中心线标高，排水管道及附件通常标注管底标高。给排水管道及附件的表示方法均应按照《给水排水制图标准》（GB/T 50106—2001）中规定的图例绘制。

（3）局部详图。凡在以上图中无法表达清楚的局部构造或由于比例的原因不能表达清楚的内容，必须绘制局部详图。局部详图应优先采用通用标准图，如卫生器具安装、阀门井、水表井、局部污水处理构筑物等，详见《给水排水标准图集 S1-S4》（2004版）。

（4）设计说明及主要设备材料表。凡是图纸中无法表达或表达不清的内容，必须用文字说明。设计说明包括设计依据、执行标准、设计技术参数、采用材料、连接方式、质量要求、设计规格、型号、施工做法及设计图中采用标准图集的名称及页码等，还应附加施工绘制的图例。

为了使施工准备的材料和设备符合设计要求，设计人员还需编制主要设备材料明细表，将施工图中涉及的主要设备、管材、阀门、仪表等一一列入编号。

2.7.2　建筑给排水施工图的识读举例

施工图的主要图样是平面图和系统图，在识读过程中应把平面图和系统图对照来看，互相弥补对系统反映不足的部分。必要时应借助详图、标准图集的帮助。

如图2-30所示，该给排水系统包括两张平面图，一张给水系统图，一张排水系统图。首先分析给水系统，给水引入管从建筑底部引入后，分成三根立管，每根立管有支管向各

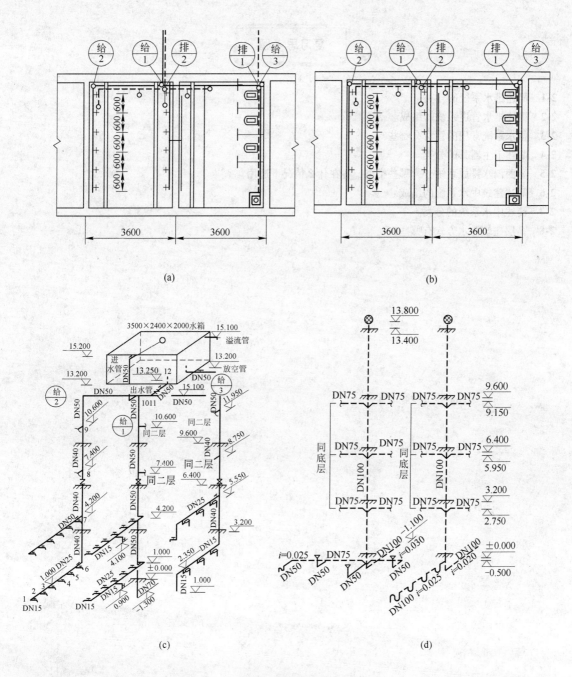

图 2-30 给排水施工图

(a) 首层给排水平面图; (b) 二~四层给排水平面图;

(c) 给水系统图; (d) 排水系统图

用水设备供水, 建筑顶部高位水箱平时蓄水, 在高峰期可由水箱供水, 排水系统设两根排水立管, 接收各卫生器具排水, 至底层后分别排至室外。施工中一些具体措施可参照规范。

复习思考题

2-1　简述排水系统的分类。

2-2　简述排水管道系统的组成。

2-3　排水系统常用的管材有哪些?

2-4　简述卫生器具的分类。

2-5　屋面雨水排放系统分为哪些类型,各在什么情况下适用?

2-6　简述建筑中水系统的组成。

2-7　简述中水系统的分类。

2-8　高层建筑排水方式有哪些?

项目3 热水及燃气供应

任务3.1 热水供应系统

热水供应系统是加热和贮存热水的设备、输配热水的管路和使用热水用户的设施总称，其任务是满足建筑内人们在生产和生活中对热水的需求。

3.1.1 热水供应系统的分类和组成

3.1.1.1 热水供应系统的分类

热水供应系统按供应范围的大小可分为区域热水供应系统、局部热水供应系统和集中热水供应系统。

区域热水供应系统为区域中多栋建筑物统一供应热水，它是由城市热力网或小区锅炉房供热，经过热交换器获得热水后，再供应给各建筑的热水用水点。在城市热水网的热水水质符合使用要求且热水网工况允许时，也可以从热力网直接取水。这种系统优点是供水规模较大，热能利用率高，设备集中，热水成本低，使用方便，对环境污染小；缺点是设备系统较复杂，管网较长，一次性投资较大。有条件时应优先选用这种系统。

集中热水供应系统适用于热水用量较大，用水点比较集中的宾馆、医院、集体宿舍等建筑中，一般为楼层较多的一栋或几栋建筑物。热水的加热、贮存、输送等都集中于锅炉房，热水由统一管网配送，集中管理，热效率较高，热水成本较低，节省建筑面积，使用方便。但此系统设备较复杂，管网较长，热耗大。对于热水使用要求高，用水点多且相对集中的建筑可采用此系统。

局部热水供应系统适用于住宅、食堂、小型旅馆等热水用水点少且分散的建筑，可在用水点附近设置小型的加热设备，如小型燃气热水器、小型电热水器、蒸汽加热热水器、太阳能热水器等。其优点是设备系统简单，热水管路短，热能损失小，造价较低，使用灵活，易于建造；缺点是热效率较低，热水成本较高。目前没有集中热水供应的建筑，可根据具体情况采用局部热水供应系统。

选择热水供应系统应根据建筑物所在地区热源情况、建筑物性质、热水使用点的数量及分布情况、用户对热水使用的要求等因素确定，同时应将当前使用情况和长远发展综合考虑。

3.1.1.2 热水供应系统的组成

热水供应系统一般由热媒系统、热水管网系统和热水系统附件三部分组成，如图3-1所示。

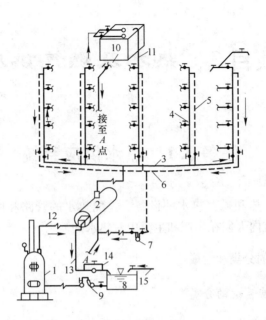

图 3-1　热媒为蒸汽的集中热水系统

1—锅炉；2—水加热器；3—配水干管；4—配水立管；5—回水立管；6—回水干管；
7—循环泵；8—凝结水池；9—冷凝水泵；10—给水水箱；11—透气管；
12—热媒蒸汽管；13—凝水管；14—疏水器；15—冷水补水管

（1）热媒系统。热媒系统也称第一循环系统，它是由热源、热媒管网和水加热设备组成的，其作用是制备热水。由锅炉生产的蒸汽或热水通过热媒管网送到水加热设备，经过交换将冷水加热。同时，蒸汽变成冷凝水，靠余压回到凝水池，与补充的软化水经过冷凝水泵提升再送回锅炉加热为蒸汽。在区域热水供应系统中，水加热设备的热媒管道和冷凝水管道直接与热力网连接。若使用热水锅炉直接加热冷水，则不需要热媒和热媒管网。

（2）热水管网系统。热水管网系统也称第二循环系统，它由热水配水管网和热水回水管网组成，其作用是将热水输送到各用水点并保证达到水温要求。在图3-1中，冷水由屋顶水箱送至水加热器，经与热媒进行热交换后变成热水。热水从加热器的出水管出来，经配水管网送至各用水点。为保证各用水点的水温要求，在配水主管和水平干管上设置回水管，使一定量的热水经循环泵回到水加热器中重新加热。对热水使用要求不高的建筑可不设置回水管。

（3）热水系统附件。热水系统附件包括控制蒸汽和热水压力、流量、温度的控制附件，管道连接附件和保证系统安全运行的附件等。如温度自动调节器、闸阀、减压阀、安全阀、排气阀、膨胀罐、疏水器、管道补偿器等。

3.1.1.3　热水供应系统的供水方式

建筑热水供应系统的供水方式按照加热冷水的方法不同，可分为直接加热和间接加热；按照管网有无循环管道，可分为全循环、半循环和无循环方式，如图3-2所示；按照循环方式的不同，可分为机械循环和自然循环方式；按照配水干管在建筑内布置的不同，

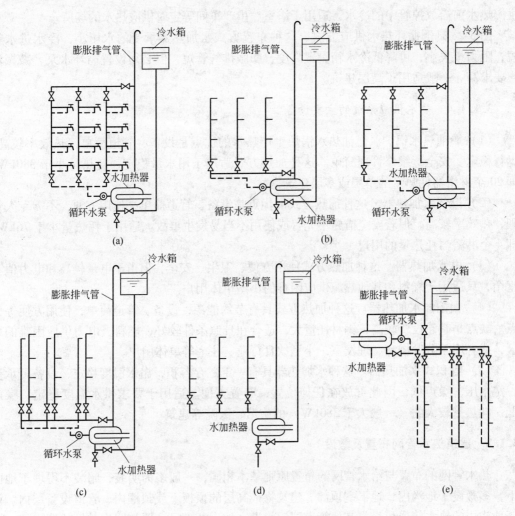

图 3-2　按照管网有无循环管道划分的热水供应系统
（a）全循环；（b）干管循环；（c）立管循环；（d）无循环；（e）倒循环

可分为下行上给和上行下给方式。

图 3-2a 所示为全循环热水供应方式，它所有的供水干管、立管和分支管都设有相应的回水管道，可以保证配水管网任意点的水温。这种方式适用于要求随时获得稳定的热水温度的建筑，如宾馆、医院、托儿所等场所。当配水干管与回水干管之间的高度差较大时，可以采用不设循环水泵的自然循环系统。

半循环热水供应方式是只在干管或立管上设循环管，分为干管循环（图 3-2b）和立管循环（图 3-2c）。干管循环热水供应方式仅保持热水在干管内循环，在使用热水前，需先打开配水龙头放掉立管和支管内的冷水。立管循环热水供应方式是指热水干管和热水立管内均保持有热水的循环，打开配水龙头时只需放掉支管中少量的存水，就能获得设计水温的热水。半循环方式比全循环方式节省管材，适用于用水较集中或一次用水量较大的场所。

图 3-2d 是不设循环管道的热水供应方式。这种方式的优点是节省管材，缺点是每次

供应热水前需放掉管中的冷水。适用于浴室、生产车间等定时供应热水的场所。

图 3-2e 是倒循环热水供应方式。这种布置方式水加热器承受的水压小，冷水进水管短，阻力损失小，可降低冷水箱设置高度，膨胀排气管短，但必须设置循环水泵，减振消声要求高，一般适用于高层建筑。

3.1.1.4　热水供应系统的主要设备

（1）燃油热水锅炉。燃油热水锅炉生产热水的优点是设备、管道简单，热效率较高，运行稳定、安全，维修管理简单。这种加热方式适用于用水量稳定，耗热量小于 380kW，即 20 个淋浴器耗热量的单层或多层建筑物。

（2）燃气水加热器。这种加热方式的优点是设备、管道简单，使用方便，不需专人管理，热效率较高，但若安全措施不完善或使用不当易发生事故。适用于耗热量小于 76kW，即 4 个淋浴器耗热量的用户。

（3）电水加热器。这种加热方式使用方便、卫生、安全，但由于电量较高和电力值不富余，只适用于燃料和其他热源供应困难的小型单体用户。

（4）太阳能水加热器。这种加热方式具有节约能源，设备、管道简单，使用方便等优点。缺点是基建投资较高，钢材耗量大，适合在日照条件较好，燃料、电力供应困难的地区，或者用于分散浴室、理发室、小型饮食行业、住宅等单体用户。

（5）容积式水加热器。这种水加热器具有一定贮存容积，出水温度稳定，设备可承受一定水压，噪声低，因此可放在任何位置，布置方便。适用于要求供水温度稳定、噪声低、耗热量较大的（一般大于 380kW）的旅馆、医院等建筑。

3.1.2　建筑热水管网布置及敷设

热水管网的布置与给水管网的布置原则基本相同，一般多为明装，暗装不得埋于地面下，多敷设于地沟内、地下室顶部、建筑物最高层的顶板下或顶棚内、管道设备层内。设于地沟内的热水管应尽量与其他管道同沟敷设，地沟断面尺寸要与同沟敷设的管道统一考虑后确定。热水立管明装时，一般布置于卫生间内，暗装一般都设于管道井内。管道穿过墙和楼板时应设套管。穿过卫生间楼板的套管应高出室内地面 5 ~ 10cm，以避免地面积水从套管渗入下层。配水立管始端与回水立管末端以及多于 5 个配水龙头的支管始端，均应设置阀门，以便于调节和检修。为了防止热水倒流或窜流，在水加热器或热水罐、机械循环的回水管、直接加热混合器的冷、热水供水管上，都应装设止回阀。所有热水横管均应有不小于 0.003 的坡度，便于排气和泄水。为了避免热胀冷缩对管件或管道接头的破坏作用，热水干管应考虑自然补偿管道或装设足够的管道补偿器。在上行式配水干管的最高点应根据系统的要求设置排气装置，如自动放气阀、集气罐、排气管或膨胀水箱。管网系统最低点还应设置泄水阀或丝堵，以便检修时排泄系统的积水。

立管与水平干管的连接方式如图 3-3 所示。这样可以消除管道受热伸长时的各种影响。

热水配水干管、贮水罐、水加热器一般均须保温，以减少热量损失。保温材料有石棉灰、泡沫混凝土、蛭石、硅藻土、矿渣棉等。管道保温层厚度要根据管道中热媒温度、管道保温层外表面温度及保温材料的性质确定。

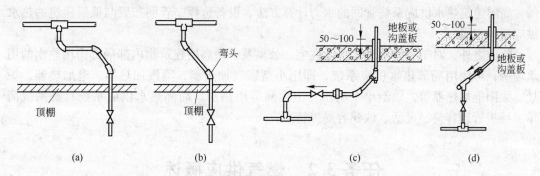

图 3-3　热水立管与水平干管的连接方式

3.1.3　高层建筑热水供应系统

高层建筑的热水供应系统应做竖向分区，其分区的原则、方法和要求与给水系统一致，各区水加热器、贮水罐的进水，均应由同区给水管供应，并应保证热水压力平衡。

由于高层建筑使用热水要求标准较高，管路又长，因此宜设置机械循环热水供应系统。热水供应系统的分区供水主要有下列两种方式：

（1）集中加热热水供应方式。如图 3-4 所示，各区热水管网自成独立系统，其容积式水加热器集中设置在建筑的底层或地下室，水加热器的冷水供应来自各区给水水箱，这样可使卫生器具的冷热水水龙头出水均衡。此种方式的管网多采用上行下给方式。

集中加热热水供应方式的优点是设备集中，管理维护方便。其缺点是高区的水加热器承受压力大，因此，此种方式适用于建筑高度在 100m 以内的建筑。

（2）分散加热热水供应方式。如图 3-5 所示，容积式水加热器和循环水泵分别设置在各区技术层，根据建筑物具体情况，容积式水加热器可放在本区管网的上部或下部。此种方式的优点是容积式水加热器承压小，制造要求低，造价低。其缺点是设备设置分散，管理维修不便，热媒管道长，此种方式适用于建筑高度在 100m 以上的高层建筑。

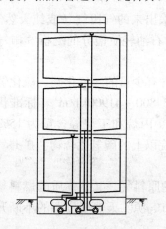

图 3-4　集中加热热水供应方式

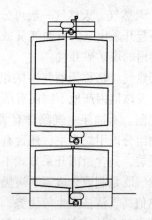

图 3-5　分散加热热水供应方式

高层建筑底层的洗衣房、厨房等大用水量设备，由于工作制度与客房有差异，应设单独的热水供应系统供水，以便维护管理。

高层建筑热水供应系统管网的水力计算方法、设备选择、管网布置与低层建筑的热水供应系统相同。

除此之外,对于一般单元式高层住宅、公寓及一些高层建筑物内部局部需用热水的用水场所,可使用局部热水供应系统,即用小型燃气加热器、蒸汽加热器、电加热器、炉灶、太阳能加热器等,供给单个厨房、卫生间等用热水。局部热水供应系统具有系统简单、维护管理容易、灵活、改建容易等特点。

任务 3.2　燃气供应概述

燃气具有热能利用率高、燃烧温度高、便于运输和使用、减少环境污染等优点,并且可利用管道和瓶装供应,能减轻城市交通运输量,易于实现燃烧过程自动化。在工业生产上,燃气供应可以满足多种生产工艺的特殊要求,可达到提高产量、保证产品质量以及改善劳动条件的目的。日常生活中应用燃气作为燃料,对改善人们生活条件,提高生活水平,减少空气污染和保持环境清洁都具有重大的意义。然而燃气也存在对人体健康有害的一面,如一氧化碳、硫化氢和烃类等物质具有毒性和窒息作用;可燃气体达到一定浓度时与空气的混合物可发生燃烧和引起爆炸;燃气管道内含有足够水分时将产生水化物,由此会缩小过流断面甚至堵塞管线等。因此,在燃气供应技术设施上应有效经济地克服消极、不利因素,安全卫生地发挥其优点。

3.2.1　燃气的分类及其性质

各种气体燃料通称为燃气,燃气是由可燃成分和不可燃成分组成的混合气体。燃气的可燃成分有 H_2、CO、H_2S、CH_4 和各种碳氢化合物等,不可燃成分有 N_2、CO_2、H_2O、O_2 等。按照其来源及生产方法,燃气可分为天然气、人工燃气、液化石油气和生物气(沼气)。

(1)天然气。天然气一般可分为四种:从气井开采出来的气田气(或纯天然气);伴随石油一起开采出来的石油气(或称石油伴生气);含石油轻质馏分的凝析气田气;从井下煤层抽出的煤矿矿井气。

纯天然气(俗称天然气)的组分以甲烷为主,还含有少量的二氧化碳、硫化氢和氮气等气体。发热值因产地不同而有所变化,变化范围在 $34800 \sim 41900 kJ/m^3$(标准状态下的体积)之间。石油伴生气除含有大量的甲烷外,乙烷、丙烷和丁烷等含量为 15%。凝析气田气的组分以甲烷为主,还含有 2% ~5% 戊烷及戊烷以上的碳氢化合物。矿井气的主要组分是甲烷,其含量因开采方式不同而有所变化。

天然气既是制取合成氨、炭黑、乙炔等化工产品的原料气,又是优质的燃料气。天然气具有热值高、清洁卫生等优势,现已成为理想的城市气源。天然气资源的不断开发、利用,使越来越多的城市选择天然气作为城市气源。

(2)人工燃气。人工燃气是将矿物燃烧(如煤和重油等)通过热加工而得到的。其具有强烈的气味及毒性,含有硫化氢、萘、苯、氨、焦油等杂质,容易腐蚀及堵塞管道。因此,人工燃气需加以净化后才能使用。人工燃气有固体燃料干馏煤气、固体燃料气化煤气、油制气和高炉煤气四种。

1）固体燃料干馏煤气。利用焦炉、连续式直立碳炉等对煤进行干馏所获得的煤气称为干馏煤气。这类煤气中甲烷和氢的含量较高，热值一般在 $16750kJ/m^3$ 左右。

2）固体燃料气化煤气。固体燃料气化煤气包括压力气化煤气、水煤气和发生炉煤气等。高压气化煤气组分以氢和甲烷为主，热值约为 $15100kJ/m^3$。水煤气和发生炉煤气的主要组分为一氧化碳和氢。水煤气的热值约为 $10500kJ/m^3$，发生炉煤气的热值约为 $5450kJ/m^3$。

3）油制气。油制气是将重油在压力、温度和催化剂的作用下，使分子裂变而形成的可燃气体。按制取方法不同可分为热裂解油制气和催化裂解油制气两种。热裂解油制气以甲烷、乙烷和丙烷为主要组分，热值约为 $42000kJ/m^3$。催化裂解油制气中氢的含量最多，也含有甲烷和一氧化碳，热值在 $17600 \sim 21000kJ/m^3$。

4）高炉煤气。高炉煤气是冶金工厂炼铁时的副产品，主要组分是一氧化碳和氮气，热值为 $3770 \sim 4200kJ/m^3$。

人工燃气是通过对煤和石油深加工得到的，能够提高能源利用率。目前，它仍是我国城市燃气的重要气源之一。

（3）液化石油气。液化石油气是石油开采和炼制过程中，作为副产品而获得的一部分碳氢化合物。它的主要成分是丙烷（C_3H_8）、丙烯（C_3H_6）、丁烷（C_4H_{10}）和丁烯（C_4H_8）。气态液化石油气的发热值为 $92100 \sim 121400kJ/m^3$，液态液化石油气的发热值为 $42500 \sim 46100kJ/kg$。

液化石油气掺混空气后其性能接近天然气，发展液化石油气具有投资少、设备简单、建设速度快、供应方式灵活等特点，因而，可作为向天然气管道供应的过渡气源。目前，液化石油气已成为一些中小型城市和城镇郊区、独立居民小区的应用气源。同时，液化石油气作为车用能源也正在许多城市得到应用。

（4）生物气（沼气）。生物气是各种有机物质，如蛋白质、纤维素、脂肪、淀粉等在隔绝空气条件下发酵，并在微生物的作用下产生的可燃气体。沼气的可燃组分主要是甲烷。发热值约为 $20900kJ/m^3$，沼气的热值低、二氧化碳含量高，不宜作为城市气源。

城市气源的选取应遵循国家能源政策，结合当地的实际情况，并考虑远、近期发展规划。要选取高热值、低污染、洁净、卫生的燃气作为城市气源，燃气最低发热值应大于 $14700kJ/m^3$，并符合规范规定的城市燃气的质量要求。其中，天然气、人工燃气、液化石油气可作为城市气源。

3.2.2　燃气供应系统及其分类

3.2.2.1　燃气供应系统

城市燃气供应系统是指从气源厂至用户的一系列燃气设施的总称，其主要作用是把气源厂的燃气送至各个用户，以保证不间断、安全可靠地向用户供气。燃气供应系统是由气源、燃气输配系统、燃气应用系统三个部分组成。

（1）气源。气源是燃气的来源，是指各种人工燃气的制气厂或天然气配气站。

（2）燃气输配系统。该系统由气源到用户之间的一系列燃气输送和分配设施组成。通常由下列部分构成：不同压力等级的燃气管网；城市燃气分配站或气站、各种类型的调压站或调压装置；储配站；监控与调度中心；维护管理中心。

（3）燃气应用系统。该系统由入户管、燃气表和燃具等组成。

3.2.2.2 城市燃气管网系统的分类

A 根据用途分类

（1）长距离输气管线。其干管及支管的末端连接城市或大型企业，作为该供应区的气源点。

（2）城市燃气管道。

1）分配管道。在供气地区将燃气分配给企业、公共建筑物和居民用户的管道。分配管道包括街区和庭院的分配管道。

2）用户引入管道。将燃气从分配管道引到用户室内管道引入口处的总阀门。

3）室内燃气管道。通过用户管道引入口的总阀门将燃气引向室内，并分配到每个燃气用具。

（3）工业企业燃气管道。

1）工厂引入管和厂区燃气管道。将燃气从城市燃气管道引入工厂，分送到各用气车间。

2）车间燃气管道。从车间的管道引入口将燃气送到车间内各个用气设备。车间燃气管道包括干管和支管。

3）炉前燃气管道。从支管将燃气分送给炉上各个燃烧设备。

B 根据敷设方式分类

（1）地下燃气管道。一般在城市中常采用地下敷设。

（2）架空燃气管道。在管道通过障碍时或在工厂区为了管理维修方便，采用架空敷设。

C 根据输气压力分类

燃气管道设计压力不同，对其安装质量和检验要求也不尽相同，燃气管道按压力分为不同的等级，见表3-1。

表 3-1 城镇燃气管道压力分类 （MPa）

低 压	中 压		次 高 压		高 压	
	B	A	B	A	B	A
<0.01	>0.01，≤0.2	>0.2，≤0.4	>0.4，≤0.8	>0.8，≤1.6	>1.6，≤2.5	>2.5，≤4.0

中压 B 和中压 A 管道必须通过区域调压站、用户专用调压站才能给城市分配管网中的低压和中压管道供气，或给工厂企业、大型公共建筑用户以及锅炉房供气。

一般由城市高压 B 燃气管道构成大城市输配管网的外环网。高压 B 燃气管道也是给大城市供气的主动脉。高压燃气必须通过调压站才能送入中压管道、高压储气罐以及工艺需要高压燃气的大型工厂企业。

高压 A 输气管通常是贯穿省、地区或连接城市的长输管线，它有时构成了大型城市输配管网系统的外环网。城市燃气管网系统中各级压力的干管，特别是中压以上压力较高的管道，应连成环网，初建时也可以是半环形或枝状管道，但应逐步构成环网。

城市、工厂区和居民点可由长距离输气管线供气，个别距离城市燃气管道较远的大型用户，经论证确系经济合理和安全可靠时，可自设调压站与长输管线连接。除了一些允许设专用调压器的与长输管线相连接的管道检查站用气外，单个的居民用户不得与长输管线连接。

3.2.3　燃气管道施工技术要求

（1）地下燃气管道不得从建筑物和大型构筑物的下面穿越。地下燃气管道与建筑物、构筑物、基础或相邻管道之间的水平和垂直净距，应满足《城镇燃气设计规范》（GB 50028—2006）的规定。当要求不一致时，应满足要求严格的。无法满足上述安全距离时，应将管道设于管道沟或刚性套管的保护设施中，套管两端应用柔性密封材料封堵。保护设施两端应伸出障碍物且与被跨越的障碍物间的距离不应小于 0.5m。对有伸缩要求的管道，保护套管或地沟不得妨碍管道伸缩且不得损坏绝热层外部的保护壳。

（2）地下燃气管道埋设的最小覆土厚度（路面至管顶）应符合下列要求：埋设在车行道下时，不得小于 0.9m；埋设在非车行道下时，不得小于 0.6m；埋设在庭院时，不得小于 0.3m；埋设在水田下时，不得小于 0.8m。

（3）地下燃气管道不得在堆积易燃、易爆材料和具有腐蚀性液体的场地下面穿越，并不宜与其他管道或电缆同沟敷设。当需要同沟敷设时，必须采取防护措施。

（4）地下燃气管道穿过排水管、热力管沟、联合地沟、隧道及其他各种用途沟槽时，应将燃气管道敷设于套管内。套管两端的密封材料应采用柔性的防腐、防水材料密封。

（5）燃气管道穿越铁路、高速公路、电车轨道和城镇主要干道时应符合下列要求：

1）穿越铁路和高速公路的燃气管道，其外应加套管，并采取绝缘、防腐等措施。

2）穿越铁路的燃气管道的套管，应符合下列要求：

①套管埋设的深度：铁路轨道至套管顶不应小于 1.2m，并应符合铁路管理部门的要求；

②套管宜采用钢管或钢筋混凝土管；

③套管内径应比燃气管道外径大 100mm 以上；

④套管两端与燃气管的间隙应采用柔性的防腐、防水材料密封，其一端应装设检漏管；

⑤套管端部距路堤坡角距离不应小于 2.0m。

3）燃气管道穿越电车轨道和城镇主要干道时宜敷设在套管或地沟内；穿越高速公路的燃气管道的套管、穿越电车轨道和城镇主要干道的燃气管道的套管或地沟，应符合下列要求：

①套管内径应比燃气管道外径大 100mm 以上，套管或地沟两端应密封，在重要地段的套管或地沟端部宜安装检漏管。

②套管端部距电车边轨不应小于 2.0m，距道路边缘不应小于 1.0m。

③燃气管道宜垂直穿越铁路、高速公路、电车轨道和城镇主要干道。

（6）燃气管道通过河流时，可采用穿越河底或采用管桥跨越的形式。

（7）利用道路、桥梁跨越河流的燃气管道，其管道的输送压力不应大于0.4MPa。

（8）当燃气管道随桥梁敷设或采用管桥跨越河流时，必须采取安全防范措施。

（9）燃气管道随桥梁敷设，宜采取如下安全防护措施：

1）敷设于桥梁上的燃气管道应采用加厚的无缝钢管或焊接钢管，尽量减少焊缝，对焊缝进行100%无损探伤；

2）跨越通航河流的燃气管道管底标高，应符合通航净空的要求，管架外侧应设置护栏；

3）在确定管道位置时，应与随桥敷设的其他可燃的管道保持一定间距；

4）管道应设置必要的补偿和减振措施；

5）过河架空的燃气管道向下弯曲时，向下弯曲部分与水平管夹角宜采用45°形式；

6）对管道应做较高等级的防腐保护。对于采用阴极保护的埋地钢管与随桥管道之间应设置绝缘装置。

（10）燃气管道穿越河底时，应符合下列要求：

1）燃气管道宜采用钢管；

2）燃气管道至规划河底的覆土厚度，应根据水流冲刷条件确定，对不通航河流不应小于0.5m；对通航的河流不应小于1.0m，还应考虑疏浚和投锚深度；

3）稳管措施应根据计算确定；

4）在埋设燃气管道位置的河流两岸上、下游应设立标志；

燃气管道对接安装引起的误差不得大于3°，否则应设置弯管，次高压燃气管道的弯管应考虑盲板力。

任务3.3　室内燃气供应

3.3.1　室内燃气管道系统

3.3.1.1　室内燃气管道系统的组成

室内燃气管道系统由用户引入管、干管、立管、用户支管、燃气表、用具连接管和燃气用具所组成，如图3-6所示。

3.3.1.2　室内燃气管道安装

室内燃气管道系统的安装既要满足用户安全、稳定、方便实用的要求，又要便于日常维护管理，达到牢固、美观的效果。施工之前，施工人员应认真阅读图纸，并到施工现场仔细核对，发现问题及时与设计人员研究解决。施工中应做到按图施工，质量达标，搞好协调工作。

（1）引入管。引入管在室外地下与庭院管相连，室内地上与户内管道相连接，引入管

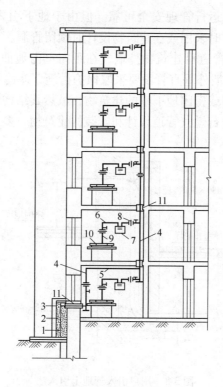

图 3-6 室内燃气系统

1—用户引入管；2—砖台；3—保温层；4—立管；5—水平干管；6—用户支管；7—燃气计量表；
8—旋塞阀及活接头；9—用具连接管；10—燃气用具；11—套管

一般从室外直接进入厨房，不得穿过卧室、浴室、地下室、易燃易爆品的仓库、配电室、电缆沟、烟道和进风道等地方。

输送人工煤气的引入管的最小公称直径应不小于 25mm，输送天然气和液化石油气的引入管的最小公称直径不应小于 15mm，它们的埋设深度应在土壤冰冻线以下，并应有不低于 0.005 坡向庭院管的坡度。地下弯管处以内应使用热煨弯管，弯曲半径不小于弯管直径的 4 倍，地下部分应做好防护工作。

引入管的引入方法可分为地下引入法和地上引入法。

1) 地下引入法。燃气管道在地下直接穿过房屋基础或首层地面引入室内，从室内地面伸出高度不小于 0.15m，如图 3-7 所示。这种形式适用于墙内侧无暖气沟或密闭地下室的建筑物。引入管位于地沟内的管段用砖墙隔离封闭，基础墙洞的管子上方保留建筑物最大沉降量的空间，用沥青油麻堵严，洞口两端封上钢丝网，网上抹灰封口。地下引入法的

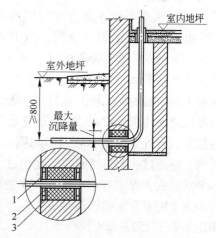

图 3-7 用户引入管地下引入法

1—钢丝网；2—木框；
3—沙子或沥青油麻填料

特点是管线短，构造简易，运行管理安全可靠。但由于地下引入时管道要穿越建筑物基础，所以要在建筑结构允许时采用或在建筑物设计时预留管洞。

2）地上引入法。燃气管道沿建筑物外墙，在距离室内地面 0.5m 的高度穿过外墙引入室内，如图 3-8 所示。对墙外垂直管段要采取保护措施，寒冷地区要作保温处理。这种形式适用于墙内侧有暖气沟或密闭地下室的建筑物，虽然其结构复杂，但不破坏建筑物的基础结构。对于建成后再进行燃气管道设计和安装的建筑物，多采用地上引入法。

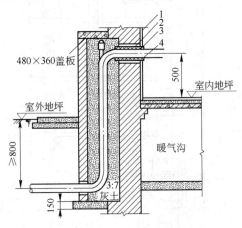

图 3-8　用户引入管地上引入法
1—水泥砂浆；2—套管；3—油麻填料；4—沥青

（2）立管。立管就是穿过楼板贯通各个厨房的垂直管。立管上装有水平干管和水平支管，将燃气输送到各厨房。立管穿过楼板处应有套管，套管的规格应比立管大两号。套管内不应有管接头。套管上部应高出地面 5~10mm，管口做密封，套管下部与房顶平齐。在套管外部用水泥砂浆将其固定在楼板上，如图 3-9 所示。立管上、下端应设有丝堵，每层楼内应有至少一个固定卡子，每隔一层立管上应装设一个活接头。

（3）水平干管。每个楼门同层往往有几个厨房，也就是有几个燃气立管，当引入管少于立管时，一个引入管就要带两根以上的立管，这时就需要用水平干管将几根立管连接起来。在北方地区，水平干管一般装在二楼，通过门厅及楼梯间，安装高度距地面不低于 2m，穿墙部分燃气管道不允许有接头，管外有穿墙套管。每间隔 4m 左右装一个托钩，每通过一个自然间或长度超过 10m 时，应设一个活接头，管道有不小于 0.003 的坡度，水平干管中部不能有存水的凹洼地方。水平干管距房顶的净距不小于 150mm。

（4）水平支管。通过水平支管，立管中的燃气分流到各厨房，其管径一般为 15~20mm，用三通与立管相连。水平支管距厨房地面不低于 1.8m，

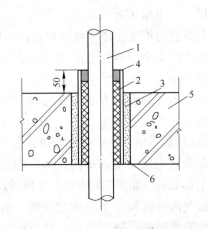

图 3-9　穿越楼板的燃气管和套管
1—立管；2—钢套管；3—浸油麻丝；4—沥青；
5—钢筋混凝土楼板；6—水泥砂浆

上面装有燃气表及表前阀门。每根水平支管两端应设托钩。

（5）下垂管。水平支管与炉具之间的一段垂直管线称为下垂管。其管径为 15mm，灶前下垂管上至少设一个管卡，若下垂管上装有燃气嘴时，可设两个卡子。室内燃气管道应为明设，管道安装应横平竖直，水平管道应有 0.003 的坡度，并分别坡向立管或灶具，不准发生倒坡和凹陷。室内燃气管道与墙面的净距：当管径小于 25mm 时，不小于 30mm；管径在 25～50mm 时，不小于 50mm；管径大于 50mm 时，不小于 70mm。立管安装时，距墙角的垂直投影距离不小于 300mm，据水池不小于 200mm。室内燃气管道与其他管线的净距应符合有关规范的要求。

室内燃气管道一般采用丝扣连接，管件螺纹有圆柱形螺纹和圆锥形螺纹之分。圆柱形螺纹管用在活接头上，没有锥度。圆锥形螺纹管用在管子和管件上，有 1：16 的锥度，螺纹密封性较好。丝扣的密封填料采用聚四氟乙烯生料带。用铰板加工丝扣时，要两遍铰成，不要一遍铰成。加工出的丝扣要完整，表面要光滑。丝扣拧紧之后，在管件外露 2 或 3 扣为宜。上管件时，要避免出现拧过了头再往回退才符合要求的情况，以免管扣松动而漏气。为了减少管道的局部阻力，减少漏气的机会，应尽量少用管件，并要选用符合质量要求的管件。

室内燃气管道，一般选用镀锌钢管。若采用黑铁管时，施工前一定要做好除锈工作，安装后做好防腐工作。涂刷油漆一方面为了防腐，另一方面也为了管道美观，与室内环境相协调。

3.3.1.3　高层建筑燃气管道敷设的影响因素

（1）建筑物沉降。因高层建筑物自重大，沉降量显著，易在引入管处造成破坏，故可在引入管处安装伸缩补偿接头，应在其前面安装阀门，设有闸井，便于维修。

（2）附加压力。为满足燃气用具的正常工作，克服高程差引起的附加压力影响，可采取在燃气总立管上设分段调节阀、竖向分区供气、设置用户调压器等措施来解决。

（3）热胀冷缩。高层建筑物燃气立管长且自重大，需在立管底部设置支墩，为了补偿由于温差产生的胀缩变形，需将管道两端固定，管道中间安装吸收变形的挠性管或波纹补偿装置。

3.3.2　液化石油气瓶装供应

液化石油气瓶装供应是我国传统的燃气供应方式，在城镇燃气管道还没有普及的地方、餐饮业及广大农村地区仍在广泛应用。

液化石油气瓶装供应具有适应性强、应用灵活等特点，生产厂家可通过火车、汽车或管道将其运输至储配站，依靠压缩机或泵将其卸入贮罐，灌瓶后供应用户。我国目前液化石油气多采用瓶装供应。

钢瓶是盛装液化石油气的专用压力容器，供民用、公用及小型工业用户使用，其充装量为 10kg、15kg、50kg，它是由底座、瓶体、瓶嘴、耳片和护罩等组成，其构造如图 3-10 所示。

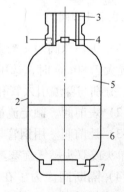

图 3-10　钢瓶构造
1—耳片；2—瓶体；3—护罩；4—瓶嘴；
5—上封头；6—下封头；7—底座

　　单户的瓶装液化石油气供应分单瓶供应和双瓶供应。目前我国民用用户主要为单瓶供应。

　　单瓶供应设备如图 3-11 所示，是由钢瓶、调压器、燃气用具和连接管组成。钢瓶一般放在通风良好的地方，不得放于卧室、无通风设备的走廊、地下室及有煤火炉的房间内。钢瓶周围的环境温度不应高于 45℃，当放在室外时应有防雨和防晒的措施。

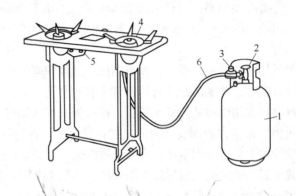

图 3-11　液化石油气单瓶供应设备
1—钢瓶；2—钢瓶角阀；3—调压器；4—燃气用具；5—开关；6—耐油胶管

　　减压阀的作用是给液化石油气减压，使之由液态变为气态，通过耐油软管供给燃气用具使用。

　　使用液化石油气时，先打开钢瓶上的角阀，然后打开燃气灶上的旋塞阀，液化石油气借本身压力进入调压器，降压后进入燃气用具燃烧。火焰大小用旋塞阀控制。

　　钢瓶在运送过程中，应严格遵守操作规程，严禁乱扔乱甩。液化石油气的体积随温度变化而变化，温度升高 10℃，体积增大约 3% ~ 4%。瓶装时，若不加注意，可能有胀裂钢瓶并发生爆炸的危险。因此，液化石油气在瓶内的充满程度，不应超过钢瓶容积的 85%，装瓶之前必须将瓶内的残液清除干净。

3.3.3　室内燃气系统的附属设备及燃气用具

3.3.3.1　阀门

　　(1) 进户总阀门。当管径为 40 ~ 70mm 时，应选用球阀，四口连接，阀后设活接头，当管径大于 80mm 时，选用法兰闸阀。阀门一般安装在水平管上，水平管两端用带丝堵的三通，分别与穿墙引入管和户内立管相连，总阀门也可以装在立管上。

　　(2) 表前阀。额定流量在 3m³/h 以下的家用燃气表，其表阀门采用接口式旋塞。

　　(3) 灶前阀。用钢管与灶具硬连接时，可采用接口式旋塞。用胶管与灶具软连接时，可用单头或双头燃气旋塞。

　　(4) 隔断阀。为了在较长的燃气管道上，能够分段检修，可在适当的位置设隔断阀。在高层建筑的立管上，每隔六层应设置一个隔断阀。一般选用球阀，阀后应设有活接头。

　　总阀门一般装在离地面 0.3 ~ 0.5m 的水平管上，或者装在离地面 1.5m 的立管上。表前阀装在离地面2m左右的水平支管上。软连接的灶前燃气旋塞安装在距燃具台板0.15m、距地面0.9m处，并在台板边缘便于开关。

球阀及旋塞的阀体材料一般采用灰口铸铁，该材料材质脆弱，机械强度不高，安装时应掌握好力度，达到既不漏气又不损坏阀门的要求。旋塞的阀体与塞芯的严密性能是经过制造厂家对各个旋塞配合研磨而成，零件间不具备互换性。

3.3.3.2　燃气计量表

燃气计量表是计量燃气用量的仪表，根据其工作原理可分为容积式、速度式和差压式计量表等多种形式。

干式皮膜式燃气表是目前我国民用建筑室内最常用的容积式燃气表，它有一个方形金属外壳，外壳内有皮制的小室，中间以皮膜隔开，分为左、右两部分，燃气进入表内，可使小室左、右两部分交替充气和排气，借助于杠杆和齿轮传动机构，上部度盘上的指针即可指示出燃气用量的累计值。

住宅建筑应每户装一只燃气表，每个独立核算单位最少应装一只燃气表；燃气表宜安装在通风良好，环境温度高于0℃，并且便于抄表及检修的地方。

燃气表安装必须平正，下部应有支撑；燃气表安装过程中不准碰撞、倒置、敲击，不允许有铁锈、杂物、油污等物质掉入表内；应按计量部门的要求定期进行校验，以检查计量是否有误差。

燃气表金属外壳上部两侧有短管，左接进气管，右接出气管；高位表表底距地面净距不小于1.8m；中位表表底距地面净距不小于1.4m；低位表表底距地面净距不小于0.15m；燃气表和燃气用具的水平距离应不小于0.3m，表背面距墙面净距为10～15mm。一只皮膜式燃气表一般只在表前安装一个旋塞阀。安装在过道内的皮膜式燃气表，必须按高位表安装。燃气表的安装如图3-12所示。

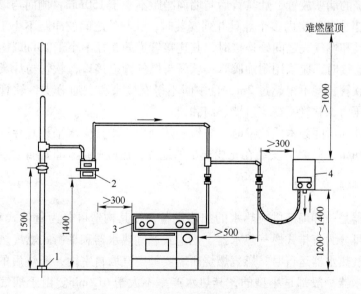

图3-12　燃气表与燃气用具的相对位置示意图
1—套管；2—燃气表；3—厨房燃气灶；4—燃气热水器

3.3.3.3　厨房燃气灶

厨房燃气灶包括单眼燃气灶和双眼燃气灶。厨房燃气灶一般由炉体、工作面及燃烧器三部分组成。单眼燃气灶是只有一个火眼的燃气灶。目前常用的是双眼燃气灶（图 3-13），其配有不锈钢外壳，并装有自动打火装置和熄火保护装置。

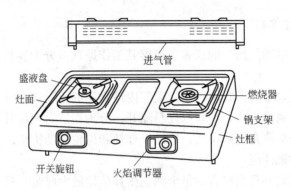

图 3-13　双眼燃气灶

烤箱燃气灶属于厨房炊具，由外壳、保温层和内箱构成。内箱包以绝热材料用以减少热损失，箱内设有承载物品的托网和托盘，顶部有排烟口，外玻璃门上装有温度指示器。

选择燃气用具时应注意燃气的种类。目前，市场上出售的燃气用具包括分别适用于煤气和石油液化气的两类，它们外观相同，但内部的燃气喷嘴构造不同，燃烧效果也不相同。

家用燃气用具的安装场所应符合设计要求。用户要有具备使用燃气条件的厨房并确保通风良好，一旦燃气泄漏能及时排出室外。燃气灶宜设在通风和采光良好的厨房内，一般要靠近不易燃烧的墙壁放置，灶具背后与墙面净距不小于 150mm，侧面与墙或水池净距不小于 250mm；当公共厨房内多个灶具并列安装时，灶与灶之间的净距不小于 500mm。

当燃气用具和燃气表之间硬连接时，其连接管道的直径不小于 15mm，并应装活接头；燃气灶用软管连接时，应采用耐油胶管，软管与燃气管道接口，软管与灶具接口应用专用固定卡固定，软管长度不得超过 2m，且中间不得有接头和三通分支，软管的耐压能力应大于 4 倍工作压力，软管不得穿过墙、门和窗。

安装燃气灶的房间为木质墙壁时，应做隔热处理；燃具应水平放置在耐火台上，灶台高度一般为 700mm；灶具应安装在光线充足的地方，但应避免穿堂风直吹。

3.3.3.4　燃气热水器

燃气热水器是一种局部供应热水的加热设备，按其构造可分为直流式和容积式两种；按其排烟方式可分为直排式燃气热水器、烟道式燃气热水器和平衡式燃气热水器三种。

直排式燃气热水器运行时，燃气燃烧所需要的空气取自室内，燃烧后的烟气也排放在室内。这种热水器一般都是小型的，其热水产率不大于 6L/min。由于烟气直接排放在室内，容易造成室内空气污染，加上一些用户在使用过程中不注意通风，所以常常造成事故。因此，我国自 1999 年底起已不再允许生产、销售直排式燃气热水器。但部分居民家中的直排式热水器没有强制淘汰，仍在使用，留有安全隐患。

烟道式燃气热水器运行时，燃气燃烧所需空气取自室内，而燃烧后的烟气通过烟道排至室外，烟气不会造成室内空气污染。烟道式热水器有两种排烟方法：一种是自然排烟式，其烟气靠烟道的自然抽力排出，烟气排放状况与烟道的安装和室外风压等因素有关（当烟道过长或室外风压较大时），烟气将不能很好地排出；另一种是强制排烟式，在这种热水器的烟道上，装有一个小型抽风机，烟气靠抽风机强制排出，有效地防止了烟气在室内的存留。

平衡式燃气热水器燃烧时所需空气通过进气筒取自室外，燃烧后的烟气通过排气筒排至室外。这是一种封闭式燃气热水器，热水器的燃烧系统封闭在外壳内，与室内空气隔离，进气筒和排气筒通过墙壁伸向室外。这种热水器燃烧时不会造成室内空气污染，可有效防止中毒事故。但这种热水器安装时需要在墙壁上开较大的洞。因此，一般安装平衡式燃气热水器需要在建筑物设计时预留墙洞。

燃气热水器应安装在操作、检修方便，不易被碰撞的地方，热水器与对面墙之间应有不小于1m的通道；热水器不得直接设在浴室内，可设在厨房或其他房间内；设置燃气热水器的房间容积不小于 $12m^3$，房间高度不低于 $2.5m$，应有良好的通风；燃气热水器的燃烧器距地面应有 $1.2\sim1.5m$ 的高度，以便于操作和维修；燃气热水器应安装在不易燃烧的墙上，与墙面净距应大于 $20mm$，与房间顶棚的距离不小于 $600mm$，热水器上部不得有电力明线、电力设备和易燃物。

为防止一氧化碳中毒，应保持室内空气的清新度，提高燃气的燃烧效果，对使用燃气用具的房间必须采取一定的通风措施，在房间墙壁上面及下面或者门窗的底部及上部设置不小于 $0.02m^2$ 的通风窗，或在门与地面之间留有不小于 $300mm$ 的间隙。

复习思考题

3-1 热水供应系统是如何分类的？

3-2 热水供应系统由哪几部分组成？

3-3 热水供应系统的主要设备有哪些？

3-4 高层建筑热水供应方式有哪些？

3-5 燃气是如何分类的？

3-6 燃气供应系统由哪几部分组成？

3-7 城市燃气管网系统是如何分类的？

3-8 室内燃气管道系统由哪几部分组成？

3-9 高层建筑燃气管道具体敷设的影响因素有哪些？

项目4　采暖系统

任务4.1　采暖系统概述

在冬季，为使室内保持一定的温度，就必须向室内供给一定的热量，这一热量称为供热热负荷。利用热媒将热量从热源输送到各用户的工程系统，称为供热系统或集中供热系统。供热系统习惯上有时还称为供暖系统、采暖系统。热媒即输热介质，通常是水或水蒸气。

4.1.1　采暖系统的分类

（1）按供热范围分类。采暖系统按供热范围可分为如下三类：

1）局部采暖系统。热源、供热管道和散热设备都在采暖房间内的采暖系统称为局部供暖系统，如火炉、电暖气等，该采暖系统适用于局部、小范围的采暖。

2）集中采暖系统。集中采暖系统是由一个或多个热源通过供热管道向某一地区的多个热用户供暖的采暖系统。

3）区域采暖系统。由一个区域锅炉房或换热站提供热媒，热媒通过区域供热管网输送至城镇的某个生活区、商业区或厂区热用户的散热设备称为区域采暖系统。该采暖系统属于跨地区、跨行业的大型采暖系统。这种采暖方式作用范围大，节能，对环境污染小，是城市供暖的发展方向。

（2）按热媒分类。采暖系统按热媒可分为如下三类：

1）热水采暖系统。以热水为热媒，把热量带给散热设备的采暖系统称为热水采暖系统。它可分为低温热水采暖系统（水温不大于100℃）和高温热水采暖系统（水温大于100℃）。住宅及民用建筑多采用低温热水采暖系统，设计供/回水温度为95/70℃。热水采暖系统按循环动力不同还可分为自然循环系统和机械循环系统两类。

2）蒸汽采暖系统。以蒸汽为热媒的采暖系统称为蒸汽采暖系统。蒸汽采暖系统分为高压蒸汽采暖系统（气压大于70kPa）和低压蒸汽采暖系统（气压不大于70kPa）。

3）热风采暖系统。该系统是指以空气为热媒，把热量带给散热设备的采暖系统，可分为集中送风系统和暖风机系统。

（3）按使用的散热设备分类。

1）散热器采暖。

2）暖风机采暖。

3）盘管采暖。

（4）按室内散热设备传热方式分类。

1）对流采暖。指（全部或主要）靠散热设备与周围空气以对流传热方式把热量传递给周围空气，使室温升高。

2）辐射采暖。指（全部或主要）靠散热设备与周围空气以辐射传热方式把热量传递给周围空气，使室温升高。在相同的舒适条件下，辐射采暖的室内计算温度可比对流采暖的室内计算温度低 2 ~ 3℃，即辐射采暖热负荷要少于对流采暖热负荷，辐射采暖更符合建筑节能设计要求。

4.1.2　采暖系统的组成

人们在日常生活和社会生产中需要大量的热能，而热能的供应是通过供热系统完成的。一个供热系统包括热源、供热管网和散热设备三个部分。图 4-1 所示为采暖系统的基本构成示意图。

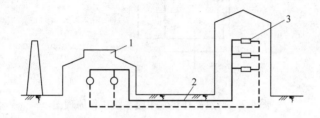

图 4-1　采暖系统的基本构成示意图
1—锅炉；2—供热管；3—散热设备

（1）热源。热源是指热媒的来源，目前广泛采用的是锅炉房和热电厂等。

（2）供热管网。输送热媒的室外供热管线称为供热管网。热源到热用户散热设备之间的连接管道称为供热管，经散热设备放热后返回热源的管道称为回水管。

（3）散热设备。散热设备是指安装在直接使用或消耗热能的热用户内的设备，如各种散热器、辐射板和暖风机等。此外，还有为保证采暖系统正常工作而设置的辅助设备，如膨胀水箱、循环水泵、补水泵、排气装置、除污器等。

任务 4.2　对流采暖系统

4.2.1　热水采暖系统

热水采暖系统是目前广泛使用的一种采暖系统。热水采暖系统按照循环动力可分为自然循环热水采暖系统和机械循环热水采暖系统。

4.2.1.1　自然循环热水采暖系统

（1）自然循环热水采暖系统的工作原理。如图 4-2 所示，自然循环热水采暖系统由热水锅炉、散热器、供水管路、回水管路和膨胀水箱组成。膨胀水箱设在系统最高处，以容纳系统水受热后膨胀的体积，并排除系统中的气体。系统充水后，水在锅炉中被加热，水温升高而密度变小，沿供水干管上升流入散热器，在散热器中放热后，水温降低密度增加，沿回水管流回加热设备再次加热。水连续不断地在流动中被加热和散热。这种仅靠供

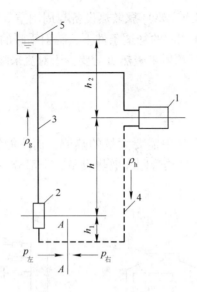

图 4-2　自然循环热水采暖系统工作原理图

1—散热器；2—热水锅炉；3—供水管路；4—回水管路；5—膨胀水箱

回水密度差产生动力而循环流动的采暖系统称为自然（或重力）循环热水采暖系统。

（2）自然循环热水采暖系统作用压力。如图 4-2 所示，假想回水管路的最低点断面 $A—A$ 处有一阀门，若阀门突然关闭，$A—A$ 断面两侧会受到不同的水柱压力，两侧的水柱压力差就是推动水在系统中循环流动的自然循环作用压力。

$A—A$ 断面两侧的水柱压力分别为

$$p_{左} = g(h_1\rho_h + h\rho_g + h_2\rho_g)$$
$$p_{右} = g(h_1\rho_h + h\rho_h + h_2\rho_g)$$

系统的循环作用压力为

$$\Delta p = p_{右} - p_{左} = gh(\rho_h - \rho_g)$$

式中　Δp——自然循环采暖系统的作用压力，Pa；

g——重力加速度，m/s^2；

h——加热中心至冷却中心的垂直距离，m；

ρ_h——回水密度，kg/m^3；

ρ_g——供水密度，kg/m^3。

从上式中可以看出，自然循环作用压力的大小与供、回水的密度差和加热中心与散热器中心的垂直距离有关。当供、回水温度一定时，为了提高采暖系统的循环作用压力，锅炉的位置应尽可能降低。

（3）自然循环热水采暖系统的主要形式。自然循环热水采暖系统主要分双管和单管两种形式，如图 4-3 所示。

图 4-3 左边为双管上供下回式系统，其特点是：各层散热器都并联在供、回水立管上，热水直接经供水干管、立管进入各层散热器，冷却后的回水经回水立管、干管直接流回锅炉。如不考虑管道中的冷却，则进入各层散热器的水温相同。

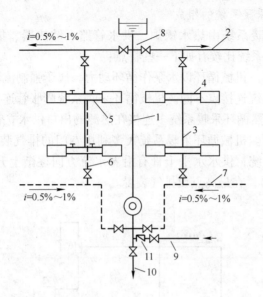

图 4-3 自然循环热水供暖系统

1—总立管；2—供水干管；3—供水立管；4—散热器供水支管；5—散热器回水支管；
6—回水立管；7—回水干管；8—膨胀水箱连接管；9—充水管（接上水管）；
10—泄水管（接下水管）；11—止回阀

图 4-3 右边为单管上供下回式（顺流式）系统，其特点是：热水送入立管后，由上向下顺序流过各层散热器，水温逐层降低，各组散热器串联在立管上。与双管系统相比，单管系统的优点是系统简单，节省管材，造价低，安装方便，上下层房间的温度差异较小；其缺点是顺流式系统不能进行个体调节。

上供下回式自然循环热水供暖系统的供水干管敷设在所有散热器之上，回水干管敷设在所有散热器之下。

上供下回式自然循环热水供暖系统管道布置的一个主要特点是：因系统中若积存空气，就会形成气塞，影响水的正常循环。为了使系统内的空气能顺利地排除，对于上供下回式自然循环热水供暖系统，供水干管必须有向膨胀水箱方向上升的坡向，其坡度宜采用 0.005～0.01；散热器支管的坡度一般取 0.01。为保证系统中的水能通过回水干管顺利地排出，回水干管应有向锅炉方向向下坡向，其坡度一般为 0.005～0.01。

自然循环热水供暖系统维护管理简单，不需消耗电能。但由于其作用压力小，管中水流速度不大，所以管径就相对大一些，作用范围也受到限制。自然循环热水供暖系统通常只能在单栋建筑物中使用，作用半径不宜超过 50m。当循环热水供暖系统作用半径较大时，应考虑用机械循环热水供暖系统。

4.2.1.2 机械循环热水采暖系统

机械循环热水采暖系统的循环动力由循环水泵提供，其作用半径大，供热范围大，管道中热水流速大，管径较小，应用广泛，但系统运行耗电量大。目前集中采暖系统多采用这种形式。

A　机械循环热水采暖系统的组成

如图4-4所示，采暖系统由热水锅炉、供水管路、散热器、集气罐、回水管路等组成。它同自然循环采暖系统比较有如下一些特点：

（1）循环动力不同。机械循环以水泵作循环动力，属于强制流动。

（2）膨胀水箱同系统连接点不同。机械循环采暖系统膨胀管连接在循环水泵吸入口一侧的回水干管上，而自然循环采暖系统多连接在热源的出口供水立管顶端。

（3）排气方法不同。机械循环采暖系统大多利用专门的排气装置（如集气罐）排气，例如上供下回式采暖系统，供水水平干管有沿着水流方向逐渐上升的坡度（俗称"抬头走"坡度值多为0.003），在最高点设排气装置。

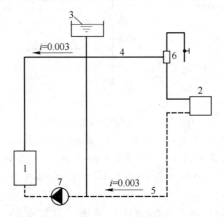

图4-4　机械循环热水采暖系统工作原理

1—热水锅炉；2—散热器；3—膨胀水箱；4—供水管路；5—回水管路；
6—集气罐；7—循环水泵

B　机械循环热水采暖系统的形式

a　垂直式热水供暖系统

（1）上供下回式系统。图4-5所示，左侧两根立管为双管上供下回式供暖系统形式。

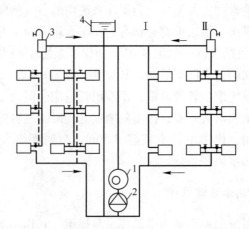

图4-5　机械循环上供下回式热水供暖系统

1—热水锅炉；2—循环水泵；3—集气装置；4—膨胀水箱

在这种系统中，水在系统内循环，主要依靠水泵所产生的压头，但同时也存在自然压头，它使流过上层散热器的热水多于实际需要量，并使流过下层散热器的热水量少于实际需要量，从而造成上层房间温度偏高，下层房间温度偏低的"垂直失调"现象。

图4-5中Ⅱ立管是单管跨越式系统。立管的一部分水量流进散热器，另一部分立管水量通过跨越管与散热器流出的回水混合后再流入下层散热器。与Ⅰ立管顺流式相比，由于只有部分立管水量流入散热器，在相同的散热量下，散热器的出水温度降低，散热器中热媒和室内空气的平均温差减小，因而所需的散热器面积比顺流式大一些。

（2）下供下回式双管系统。系统的供水和回水干管都敷设在底层散热器下面。在设有地下室的建筑物中或在平屋顶建筑棚下难以布置供水干管的场合，常采用下供下回式系统，如图4-6所示。

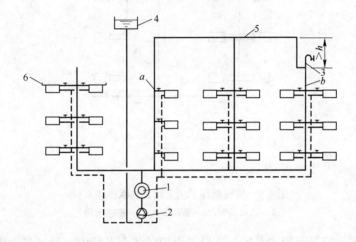

图4-6　机械循环下供下回式热水供暖系统

1—热水锅炉；2—循环水泵；3—集气装置；4—膨胀水箱；5—空气管；6—放气阀

下供下回式系统排除空气的方式主要有两种：通过顶层散热器的冷风阀手动分散排气，或通过专设的空气管手动或自动集中排气。为避免立管中的水通过空气管串流，集气装置的连接位置应比水平空气管低 h 以上，即应大于图中 a 和 b 两点在供暖系统运行时的压差值。

（3）中供式系统。水平供水干管敷设在系统中部，如图4-7所示。下部系统呈上供下

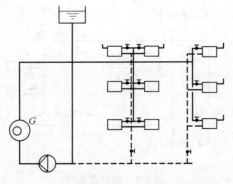

图4-7　机械循环中供式热水供暖系统

回式，上部系统可采用下供下回式（双管），也可采用上供下回式（单管）。中供式系统可避免由于顶层梁底标高过低，致使供水干管挡住顶层窗户的不合理布置，并减轻了上供下回式楼层过多易出现的垂直失调现象，但上部系统要增加排气装置。

（4）下供上回式（倒流式）系统。系统的供水干管设在下部，而回水干管设在上部，顶部还设置有顺流式膨胀水箱，如图4-8所示。该系统适用于高温热水采暖系统，可以有效避免高温水汽化问题。

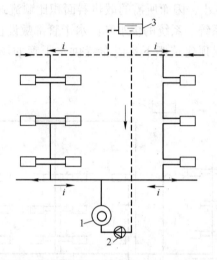

图 4-8　机械循环下供上回式热水供暖系统
1—热水锅炉；2—循环水泵；3—膨胀水箱

（5）异程式系统与同程式系统。在以上介绍的各个系统中，通过各立管所构成的循环环路的管道总长度是不相等的，因此都可称为异程式系统：靠近总立管的分立管，其循环环路较短；而远离总立管的分立管，其循环环路较长。因此造成各个环路水头损失不相等，最远环路与最近环路之间的压力损失相差也很大，压力平衡很困难，最终导致热水流量分配失调，靠近总立管的供水量过剩，系统末端产生供水不足的现象。图4-9所示为同程式系统，该系统增加回水管长度，使每个循环环路的总长度近似相等，因此每个环路水头损失也近似相等，这样环路间的压力损失易于平衡，热量分配也易达到设计要求。因此，在较大建筑物中，当采用异程式系统压力难以达到平衡时，可采用同程式系统，只是

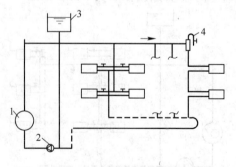

图 4-9　同程式系统
1—锅炉；2—水泵；3—膨胀水箱；4—集气罐

同程式系统对管材的需求量较大，因此系统管道初投资较大。

　　b　水平式热水供暖系统

　　水平式系统按供水管与散热器的连接方式可分为顺流式和跨越式，如图 4-10 所示。水平单管顺流式系统将同一楼层的各组散热器串联在一起，热水水平地顺序流过各组散热器，它同垂直顺流式系统一样，不能对散热器进行个体调节。水平单管跨越式系统在散热器的支管连接一跨越管，热水一部分流入散热器，一部分经跨越管直接流入下组散热器。这种形式允许在散热器支管上安装阀门，调节进入散热器的水量。

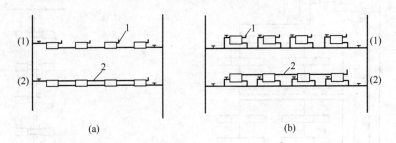

图 4-10　机械循环水平式热水供暖系统

(a) 顺流式；(b) 跨越式

1—放气阀；2—空气管

　　c　高层建筑热水采暖系统

　　由于高层建筑热水采暖系统的水静压力较大，所以，它与室外热网连接时，应根据散热器的承压能力、外网的压力状况等因素，确定系统的形式及其连接方式。

　　(1) 分区式采暖系统。垂直方向分成两个或两个以上的独立系统称为分区式采暖系统。下区系统通常与室外网路直接连接。它的高度主要取决于室外管网的压力状况和散热器的承压能力。上区系统与外网采用隔绝连接（图 4-11），利用水加热器使上区系统的压

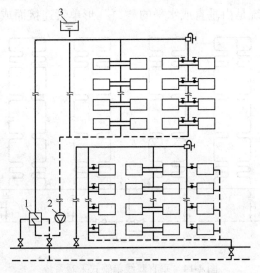

图 4-11　分区式热水采暖系统示意图

1—换热器；2—循环水泵；3—膨胀水箱

力与室外网路的压力隔绝。当外网供水温度较低，使用热交换器所需加热面积较大而经济上不合理时，可考虑采用双水箱分区式采暖系统（图4-12）。

（2）单、双管混合系统。将散热器沿垂直方向分成若干组，在每组内采用双管系统形式，而组与组之间则用单管连接，这就组成了单、双管混合式系统（图4-13）。这种系统的特点是：既避免了双管系统在楼层数过多时出现的严重竖向失调现象，又避免了单管系统不能进行局部调节的问题，同时解决了散热器立管管径和支管管径过大的缺点。

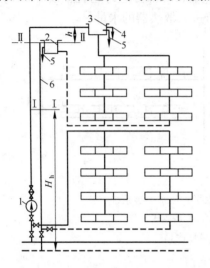

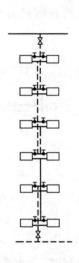

图4-12　双水箱分区式热水采暖系统示意图
1—加压泵；2—回水箱；3—进水箱；4—进水箱溢流管；
5—信号管；6—回水箱溢流管

图4-13　单、双管混合式
系统示意图

（3）双线式采暖系统。高层建筑的双线式采暖系统分垂直双线单管式采暖系统（图4-14）和水平双线单管式采暖系统（图4-15）。

双线式单管采暖系统是由垂直或水平的"∩"形单管连接而成的。散热设备通常采用

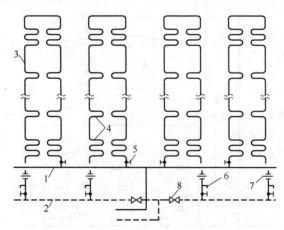

图4-14　垂直双线单管式采暖系统
1—供水干管；2—回水干管；3—双线立管；4—散热器或加热盘管；
5—截止阀；6—排气阀；7—节流孔板；8—调节阀

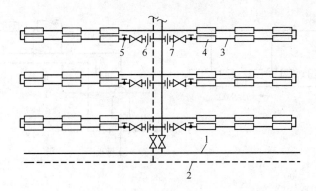

图 4-15 水平双线单管式采暖系统

1—供水干管；2—回水干管；3—双线水平管；4—散热器；
5—截止阀；6—节流孔板；7—调节阀

承压能力较高的蛇形管或辐射板。

垂直双线式采暖系统，散热器立管由上升立管和下降立管组成，各层散热器的热媒平均温度近似相同，这有利于避免垂直方向的热力失调。但由于各立管阻力较小，易引起水平方向的热力失调，可考虑在每根回水立管末端设置节流孔板以增大立管阻力，或采用同程式采暖系统减轻水平失调现象。

水平双线采暖系统，水平方向的各组散热器内热媒平均温度近似相同，可避免水平失调问题，但容易出现垂直失调现象，可在每层供水管线上设置调节阀进行分层流量调节，或在每层的水平分支管线上设置节流孔板，增加各水平环路的阻力损失，减少垂直失调问题。

4.2.2 蒸汽采暖系统

4.2.2.1 蒸汽采暖系统的分类

按照供汽压力的大小，供汽的表压力高于 70kPa 时，称为高压蒸汽采暖；供汽的表压力低于或等于 70kPa 但高于当地大气压力时，称为低压蒸汽采暖；当系统中的压力低于大气压力时，称为真空蒸汽采暖。

按照蒸汽干管布置的不同，蒸汽采暖系统可分为上供式、中供式、下供式三种。

按照立管的布置特点，蒸汽采暖系统可分为单管式和双管式。目前国内绝大多数蒸汽采暖系统采用双管式。

按照回水动力不同，蒸汽采暖系统可分为重力回水和机械回水两类。高压蒸汽采暖系统都采用机械回水方式。

4.2.2.2 低压蒸汽采暖系统

图 4-16 所示是重力回水低压蒸汽采暖系统示意图，图 4-16a 是上供式，图 4-16b 是下供式。锅炉加热后产生的蒸汽，在自身压力作用下，克服流动阻力，沿供汽管道输进散热器内，并将积聚在供汽管道和散热器内的空气驱入凝水管，最后经连接在凝水管末端的排

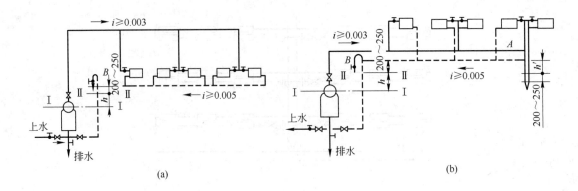

图 4-16　重力回水低压蒸汽采暖系统示意图

气管排出。蒸汽在散热器内冷凝放热。凝水靠重力作用返回锅炉，重新加热变成蒸汽。

　　图 4-17 所示是机械回水的中供式低压蒸汽采暖系统示意图。凝水首先进入凝水箱，再用凝结水泵将凝水送回锅炉重新加热。

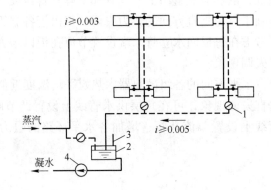

图 4-17　机械回水的中供式低压蒸汽采暖系统示意图
1—低压恒温疏水器；2—凝水箱；3—空气管；4—凝水泵

　　重力回水低压蒸汽采暖系统形式简单，无须设置凝结水泵，运行时不消耗电能，宜在小型系统中采用。但在采暖系统作用半径较长时采用机械回水系统。机械回水系统最主要的优点就是扩大了供热范围，因而应用最为普遍。

4.2.2.3　高压蒸汽采暖系统

　　图 4-18 所示是一个用户入口和室内高压蒸汽采暖系统示意图。高压蒸汽通过室外蒸汽管路进入用户入口的高压分汽缸。根据各种热用户的使用情况和要求的压力不同，季节性的室内蒸汽采暖管道系统宜与其他热用户的管道系统分开，即从不同的分汽缸中引出蒸汽分送不同的用户。当蒸汽入口压力或生产工艺用热的使用压力高于采暖系统的工作压力时，应在分汽缸之间设置减压装置。

4.2.3　热风采暖系统

　　热风采暖系统所用热媒为室外新鲜空气、室内循环空气或两者的混合体。一般热风采暖系

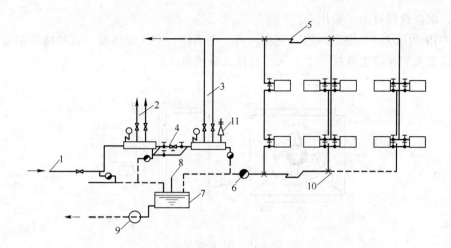

图 4-18　室内高压蒸汽采暖系统示意图

1—室外蒸汽管；2—室内高压蒸汽供热管；3—室内高压蒸汽采暖管；4—减压装置；

5—补偿器；6—疏水器；7—开式凝水箱；8—空气管；

9—凝水泵；10—固定支点；11—安全阀

统只采用室内再循环空气，属于闭式循环系统。若采用室外新鲜空气则应结合建筑通风考虑。

　　在热风采暖系统中，首先对空气进行加热处理，然后送到供暖房间散热，以维持或提高室内温度。在这种系统中，空气可以通过热水、蒸汽或高温烟气来加热。热风采暖是比较经济的采暖方式之一，它具有热惰性小、升温快、室内温度比较均匀、温度梯度较小、设备简单和投资较小等优点。因此，在既需要采暖又需要通风换气的建筑物内，通常采用能提供较高温度空气的热风采暖系统；在产生有害物质很少的工业厂房中，广泛应用了暖风机；在人们短时间内聚散，需间歇调节的建筑物，如影剧院、体育馆等，也广泛采用了热风采暖系统；防火防爆和卫生要求必须采用全新风的车间等都适于采用热风采暖系统。

　　根据送风方式的不同，热风采暖有集中送风、风道送风及暖风机送风等几种基本形式。根据空气来源不同，可分为直流式（空气为新鲜空气，全部来自室外）、再循环式（空气为回风，全部来自室内）和混合式（空气由室内部分回风和室外部分新风组成）等采暖系统。

　　热风集中采暖系统是以大风量、高风速、采用大型孔口为特点的送风方式，它以高速喷出的热射流带动室内空气按照一定的气流组织强烈地混合流动，因而温度场均匀，可以大大降低室内的温度梯度，减少房屋上部的无效热损失，并且节省管道和设备等。这种采暖方式一般适用于室内空气允许再循环的车间或作为大量局部排风车间的补入新风和采暖之用。对于散发大量有害气体或灰尘的房间，不宜采用热风集中采暖系统。

　　热风采暖系统可兼有通风换气系统的作用，只是热风采暖系统的噪声比较大。

　　面积比较大的厂房，冬季需要补充大量热量，因此经常采用暖风机或采用与送风系统相结合的热风采暖。

　　暖风机是由空气加热器、风机和电动机组合而成的一种采暖通风联合机组。由于暖风机具有加热空气和传输空气两种功能，因此省去了敷设大型风管的麻烦。暖风机采暖依靠强迫对流来加热周围的空气，与一般散热器采暖相比，它作用范围大，散热量大，但消耗电能多，维修管理复杂，费用高。

图 4-19 所示为 NC 型暖风机，它由风机、电动机、空气加热器、百叶格等组成，可悬挂或用支架安装在墙上或柱子上，又称悬挂式暖风机。

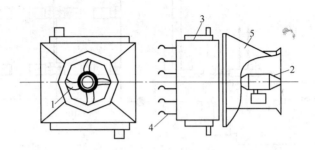

图 4-19　NC 型暖风机

1—风机；2—电动机；3—空气加热器；4—百叶格；5—支架

图 4-20 所示为 NBL 型暖风机，它采用的是离心式风机，因此它的射程长，风速高，送风量大，散热量也大。这种暖风机直接放在地面上，故又称为落地式暖风机。

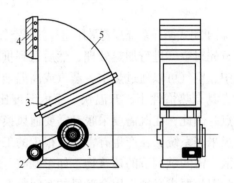

图 4-20　NBL 型暖风机

1—风机；2—电动机；3—空气加热器；4—百叶格；5—支架

在布置时，暖风机不宜靠近人体或直接吹向人体，多台暖风机的射流要互相衔接，使空气在采暖房间形成环流，射程内不得有高大设备或障碍物阻碍空气流动。

任务 4.3　辐射采暖系统

辐射采暖是一种利用建筑物内的屋顶面、地面、墙面或其他表面的辐射散热设备散出的热量来达到房间或局部工作点采暖要求的采暖方法。该技术于 20 世纪 30 年代应用于发达国家一些高级住宅，由于它具有卫生、经济、节能、舒适等一系列优越性，所以很快就被人们所接受而得到迅速推广。近年来，几乎各类建筑都有应用辐射采暖，而且使用效果也比较好。在我国建筑设计中，辐射采暖方式也逐步得到推广应用，特别是低温热水地板辐射采暖技术，目前在我国北方广大地区已有相当规模的应用。

4.3.1　辐射采暖的特点

（1）热效应方面。在辐射采暖中，主要以辐射方式来传播热量，但同时也伴随着对流形式的热传播。它不同于室内卫生条件和热效应取决于室内空气温度的对流采暖系统，在辐射采暖房间内的人或物体，是在接受辐射强度与环境温度的双重作用所产生的热效应，所以衡量辐射采暖效果的标准，是实感温度。在人体舒适性范围内，辐射采暖的实感温度比室内温度高 2～4℃。

（2）舒适性方面。根据有关方面的研究结果表明，人体的舒适感和人体的各种热湿交换有着密切的关系。在保持人体散失总热量一定时，适当减少人体的辐射散热而相应增加一些对流散热，人就会感到更舒适。辐射采暖时，由于人体和物体直接受到辐射热，而室内地板、墙面及物体的表面温度比对流采暖时高，所以人体对外界的有效辐射散热会减弱；又由于辐射采暖室内空气温度比对流采暖环境空气温度低，所以相应加大了一些人体的对流散热，与人体的生理要求相吻合，因此人会感到更加舒适。

辐射采暖时，室内空气平均流速低于散热器采暖，不会导致空气对流所产生的尘埃飞扬及积尘，可减少墙面物品或空气污染，环保卫生，而且空间温度自下而上均匀递减，给人以脚暖头凉的感觉，符合人体生理要求。热从脚生，辐射采暖可改善血液循环，促进人体新陈代谢，具有良好的保健功能。

（3）能源消耗方面。地板辐射采暖的实感温度比室内温度高 2～4℃，住宅室内温度每降低 1℃，可节约燃料 10%。因此，辐射采暖设计的室内计算温度可比对流采暖时低（高温辐射可降低 5～10℃），这也因而减少了建筑耗热量，一般情况下，总的耗热量可减少 5%～20%。且由于辐射采暖可使人们同时感受到辐射温度和空气温度的双重效应，其室内温度梯度比对流采暖时小，所以大大减少了屋内上部的热损失，使得热压减少，冷风渗透量也减小。其 16℃ 的设计温度可达到一般采暖 20℃ 的采暖效果。在温度达到 20℃ 时停止辐射供暖，室内温度在 24h 内仍可保持在 18℃ 以上。

低温辐射采暖的热源选择灵活，在能提供 35℃ 以上热水的地方即可应用，如工业余热锅炉水、各种空调回水、地热水等。

（4）使用方面。辐射采暖管道全部在屋顶、地面或墙面面层内，可以自由地装修墙面、地面、摆放家具。同时，建筑物的使用面积也可增加 3%。塑料管埋入地面的混凝土内，如无人为破坏，使用寿命一般在 50 年以上；不腐蚀、不结垢，大大减少了散热片跑、冒、滴、漏和维修给住户带来的烦恼，也可节约维修费用。

对于全面使用辐射采暖的建筑物，由于维护结构内表面温度均高于室内空气的露点温度，因此可避免维护结构内表面因结露潮湿而脱落，延长了建筑物的使用寿命。

此外，在一些特殊场合和露天场所使用辐射采暖，可以达到对流采暖难以实现的采暖效果，而这种采暖效果主要是靠适当的辐射强度来维持的。

4.3.2　辐射采暖的种类

辐射采暖的种类和形式很多，按辐射板面温度可分为：低温辐射采暖系统，即辐射板面温度低于 80℃ 的采暖系统；中温辐射采暖系统，即辐射板面温度为 80～200℃ 的采暖系统；高温辐射采暖系统，即辐射板面温度高于 500℃ 的采暖系统。

4.3.3　低温热水地板辐射采暖系统

4.3.3.1　构造

目前常用的低温热水地板辐射采暖是以低温热水（≤60℃）为热媒，采用塑料管预埋在地面不宜小于 30mm 混凝土垫层内（图 4-21）。

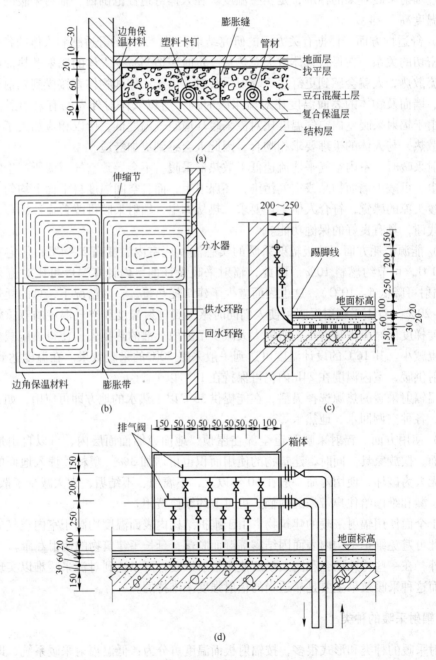

图 4-21　热水地板采暖系统结构
（a）结构剖面图；（b）环路平面图；（c）分水器侧视图；（d）分水器正视图

地面结构一般由楼板、找平层、绝热层（上部敷设加热管）、填充层和地面层组成。其中找平层是在填充层或结构层之上进行抹平的构造层，绝热层主要用来控制热量传递方向，填充层用来埋置、保护加热管并使地面温度均匀，地面层指完成的建筑地面。当楼板基面比较平整时，可省略找平层，在结构层上直接铺设绝热层。当工程允许地面按双向散热进行设计时，可不设绝热层。但对于住宅建筑，由于涉及分户热量计量，不应取消绝热层。与土壤相邻的地面，必须设绝热层，并且绝热层下部应设防潮层。直接与室外空气相邻的楼板、外墙内侧周边，也必须设绝热层。对于潮湿房间如卫生间等，在填充层上宜设置防水层。

4.3.3.2　施工

先要清理楼地面基层、找平，再铺挤出聚苯或聚乙烯泡沫板作为保温层，板上部再覆一层夹筋铝箔层，在铝箔层上敷设加热盘管（常用 16～20mm 的 PEX 或铝塑复合管），调整间距，并以卡钉将盘管与保温层固定在一起，接着安装分水器，将地暖水管与分水器系统连接，灌水进行水压试验，然后浇细石混凝土垫层，浇完后再做一次水压试验，试验合格后做面层，一般用专用的采暖木地板。

4.3.3.3　使用与维护

低温热水地板辐射采暖系统一般不需要维护，但要防止管道内部积聚污垢，应在分水器前装设一个过滤器，以滤掉杂质，并定期清洗。在使用过程中要注意：

（1）低温热水地板辐射采暖系统的供水温度不宜超过 60℃，供热系统的工作压力不超过 0.8MPa。

（2）地暖系统在开始供水或使用过程中，管道中可能积存空气，影响采暖效果，这时需打开分、集水器的放气阀，将气体排出。

（3）系统各支路的几何长度要大致相等。为调节室温，可转动球阀控制温水流量，但调节时应慎重，以免影响其他支路。

任务 4.4　散热设备与采暖系统的附属设备

4.4.1　采暖散热器

4.4.1.1　采暖散热器分类

采暖散热器是采暖系统的末端装置，装在房间内，作用是将热媒携带的热量传递给室内的空气，以补偿房间的热量损耗。散热器必须具备一定的条件：首先，能够承受热媒输送系统的压力；其次，要有良好的传热和散热能力；最后，还要能够安装于室内，不影响室内的美观。

散热器按其制造材料的不同，分为铸铁、钢材和其他材料（铝、塑料、混凝土等）；按其结构形状的不同，分为管型、翼型、柱型和平板型等；按其传热方式的不同，分为对流型和辐射型。

A　铸铁散热器

铸铁散热器用铸造方法生产，材料为灰铸铁。按其结构形状的不同，有翼型和柱型及其他形式。

（1）翼型散热器。翼型散热器有圆翼型、长翼型和多翼型等几种形式，如图 4-22、图 4-23 所示。

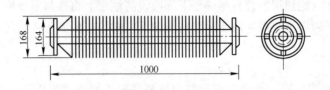

图 4-22　圆翼型铸铁散热器

（2）柱型散热器。铸铁柱型散热器有标准柱型（柱外径约 27mm）、细柱型和柱翼型（又称辐射对流型）等几种形式，如图 4-24 ~ 图 4-26 所示。

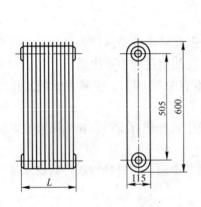

图 4-23　长翼型铸铁散热器

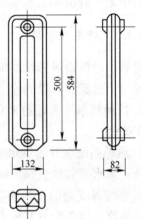

图 4-24　二柱 M-132 铸铁散热器

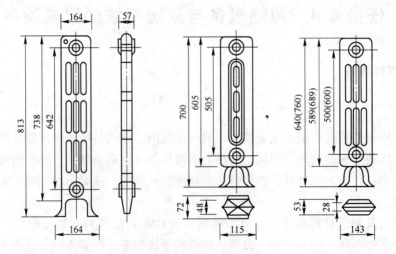

图 4-25　细柱型铸铁散热器

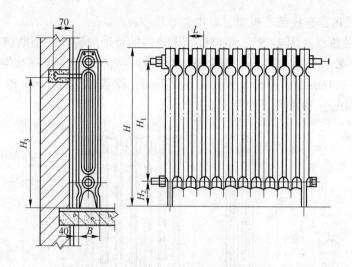

图 4-26 辐射对流型散热器安装示意图

（3）其他形式散热器。铸铁散热器除翼型和柱型外，还有厢翼型散热器（图 4-27）和用于厨房、卫生间的栅型散热器（图 4-28）等。

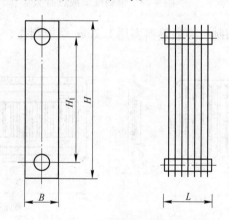

图 4-27 铸铁厢翼型散热器

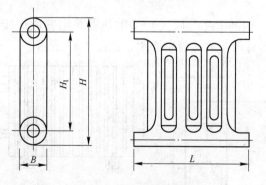

图 4-28 铸铁栅型散热器

B 钢制散热器

钢制散热器是由冲压成形的薄钢板，经焊接制作而成。钢制散热器金属耗量少，使用寿命短。钢制散热器有柱型、板型、串片型等几种类型。

（1）柱型散热器（图4-29）。钢制柱型散热器的外形同铸铁柱型散热器，以同侧管口中心距为主要参数，有 300mm、500mm、600mm、900mm 等常用规格；宽度系列为 120mm、140mm、160mm；片长（片距）为 50mm；钢板厚为 1.2mm 和 1.5mm，分别为 0.6MPa 和 0.8MPa 工作压力。

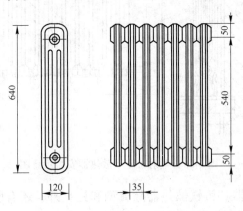

图 4-29　钢制柱型散热器

（2）板型散热器。钢制板型散热器多用1.2mm 钢板制作，有单板带对流片（图4-30）和双板带对流片两种类型。

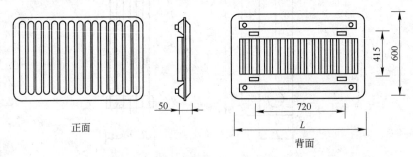

图 4-30　钢制板型散热器

（3）串片散热器。钢制串片（闭式）型散热器采用普通焊接钢管或无缝钢管串接薄钢板对流片的结构，具有较小的接管中心距，如图4-31 所示。

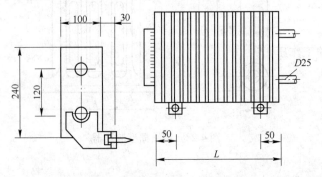

图 4-31　闭式钢制串片型散热器

（4）扁管型散热器。其是以钢制矩形截面的扁管为元件组合而成的，有单板带对流片型和不带对流片型两种形式，图4-32所示为扁管单板不带对流片型散热器。

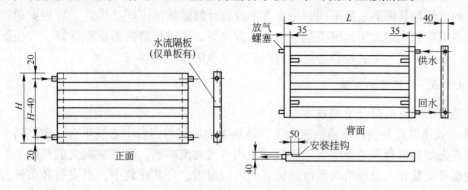

图4-32　扁管单板不带对流片型散热器

C　铝制散热器

铝制散热器的材质为耐腐蚀的铝合金，经过特殊的内防腐处理，采用焊接方法加工而成。铝制散热器重量轻，热工性能好，使用寿命长，可根据用户要求任意改变宽度和长度，其外形美观大方，造型多变，可做到采暖装饰合二为一，如图4-33所示。

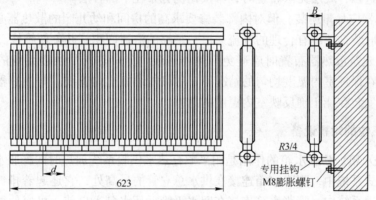

图4-33　铝制多联式柱翼型散热器

4.4.1.2　散热器的选择

散热器应根据采暖系统热媒技术参数、建筑物使用要求，从热工性能、经济、力学性能（机械强度、承压能力等）、卫生、美观、使用寿命等方面综合比较而选择。

（1）散热器的工作压力，应满足系统的工作压力和实验压力要求，并符合国家现行机械行业有关产品标准的规定。

（2）民用建筑宜采用外形美观易于清扫的钢制板式散热器；有腐蚀性气体的工业建筑和相对湿度较大的卫生间、洗衣房、厨房等应采用耐腐蚀的铸铁散热器；放散粉尘或防尘要求高的工业建筑，应采用易于清扫的光排管散热器。

（3）闭式热水供暖系统宜采用钢制散热器，水质要满足产品的要求，在非供暖期要充水保养；蒸汽供暖系统应选用铸铁式、排管式散热器，避免采用承压能力差的钢制柱型、板型和扁管型等散热器。

（4）散热器的散热面积应根据室内的耗热量与散热器的散热量相平衡来选择计算。不同材质的散热器其传热系数不同，每平方米或每片的散热量不同，因此，应根据建筑物的功能和要求首先确定选用何种类型、材质的散热器，再进行散热器面积计算，并根据其连接方式、安装形式、组装片数等进行散热器散热量的修正计算。

4.4.1.3　散热器的布置

散热器的布置应符合下列规定：

（1）散热器宜安装在外墙的窗台下，散热器中心线与窗台中心线重合，散热器上升的热气流首先加热窗台渗透冷空气，然后与室内空气对流换热，保持室内人的热舒适。受条件影响也可安装在人流频繁对流散热较好的内门附近。公共建筑中，当安装和布置管道困难时，散热器也可靠内墙布置。

（2）双层门的外室及两道外门之间的门斗不应设置散热器，以免冻裂影响整个供暖系统的运行。在楼梯间或其他有冻结危险的场所，散热器应有独立的供热立管和支管，且不得装设调节阀或关断阀。

（3）楼梯、扶梯、跑马廊等贯通的空间，形成了烟囱效应，散热器应尽量布置在底层；当散热器过多，底层无法布置时，可按比例分布在下部各层。

（4）散热器应尽量明装，但对内部装修要求高的房间和幼儿园的散热器必须暗装或加防护罩。暗装时装饰罩应有合理的气流通道，足够的流通面积，并方便维修。

（5）住宅建筑散热器布置时应避免散热器暗装。分户热计量供暖系统的暖气片布置时，还要考虑在保证室内温度均匀的情况下，尽可能缩短户内管线。与散热器配套的温度传感器，必须安装在能正确反映室内温度的地方。

4.4.2　采暖系统的附属设备

（1）膨胀水箱。膨胀水箱的作用是用来贮存热水供暖系统加热时的膨胀水量。在自然循环上供下回式系统中，膨胀水箱连接在供水总立管的最高处，它还起着排气作用；在机械循环热水供暖系统中，膨胀水箱连接在回水干管循环水泵入口前，可以使循环水泵的压力恒定。膨胀水箱一般用钢板制成，通常是圆形或矩形。图 4-34 所示为方形膨胀水箱构

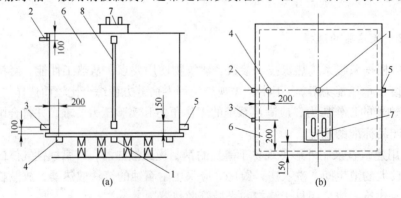

图 4-34　方形膨胀水箱构造图

（a）剖面图；（b）平面图

1—膨胀管；2—溢流管；3—循环管；4—排水管；5—信号管；6—箱体；7—人孔；8—水位计

造图，箱上连有膨胀管、溢流管、信号管、排水管及
循环管等管路。

1）膨胀管。膨胀水箱设在系统的最高处，系统的
膨胀水量通过膨胀管进入膨胀水箱。自然循环系统膨
胀管接在供水总立管的上部；机械循环系统膨胀管接
在回水干管循环水泵入口前，如图 4-35 所示。膨胀管
上不允许接阀门，以免偶然关断使系统内压力增高，
导致事故发生。

2）循环管。为了防止水箱内的水冻结，膨胀水箱
需设置循环管，循环管不允许设置阀门。

3）溢流管。用于控制系统的最高水位，当水的膨
胀体积超过溢流管口时，水溢出就近排入排水设施中，
溢流管不允许设置阀门。

4）信号管。用于检查膨胀水箱水位，决定系统是
否需要补水，信号管末端应设置阀门。

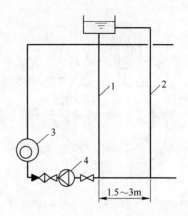

图 4-35　膨胀水箱与机械循环
系统的连接方式
1—膨胀管；2—循环管；
3—热水锅炉；4—循环水泵

5）排水管。用于清洗、检修时放空水箱，可与溢流管一起就近接入排水设施，其上
应安装阀门。

（2）排气装置。与生活热水系统不同的是，热水供暖系统属于闭式系统，在系统设计
和运行管理过程中需要重视系统的排气问题。水被加热时，会分离出空气，在系统运行
时，通过不严密处会渗入空气，充水后，会有空气残留在系统内。系统中如果积存空气，
就会形成气塞，使水系统不能正常循环，导致供暖系统达不到设计要求。因此，系统中必
须设置排除空气的装置。常见的排气装置主要有集气罐、自动排气阀和冷风阀等，集气
罐、自动排气阀通常设置在管路系统的最顶端，如图 4-36 所示。自动排气阀的构造如图
4-37、图 4-38 所示。

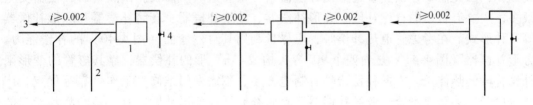

图 4-36　集气罐安装方式
1—集气罐；2—立管；3—干管；4—放气阀

自动排气阀的工作原理是：依靠水对阀体的浮力，通过杠杆机构的传动，使排气孔自
动启闭，实现自动阻水排气的功能。

冷风阀多用在水平式和下供下回式系统中。它旋紧在散热器上部专设的丝孔上，以手
动方式排除空气，如图 4-39 所示。

（3）疏水器。疏水器的作用是自动阻止蒸汽逸漏，并能迅速排出用热设备及管道中的
凝结水，同时能排除系统中积留的空气和其他不凝性气体。根据疏水器的工作原理可以分
为：浮筒式疏水器、热动力式疏水器、恒温式疏水器。

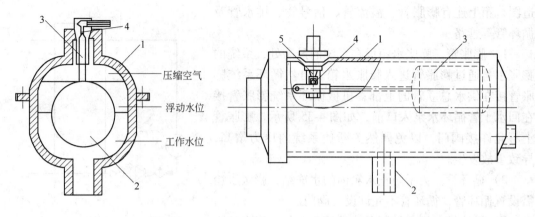

图 4-37　立式自动排气阀
1—阀体；2—浮球；3—导向套管；4—排气孔

图 4-38　卧式自动排气阀
1—外壳；2—接管；3—浮筒；4—阀座；5—排气孔

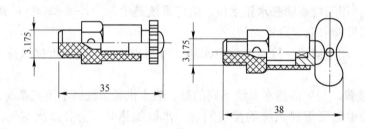

图 4-39　冷风阀

（4）补偿器。在蒸汽（热水）管路中，金属管道会因受热而伸长，温度升高 1℃时每米钢管便会伸长 0.012mm。为了防止供热管道升温时由于热伸长引起管道变形或破坏，因此需要在供热管道上设补偿器来补偿管道的热伸长。供热管道补偿器类型很多，主要有管道的自然补偿、方形补偿器、波纹补偿器、套筒补偿器和球形补偿器等几种形式。在考虑管道热补偿时，应尽量利用其自然弯曲（图 4-40）的补偿能力。方形补偿器（图 4-41）是由四个 90°弯头构成"π"形的补偿器，靠其弯管的变形来补偿管段的热伸长。方形补偿器具有制造方便、不需专门维修、工作可靠等优点，广泛应用于供热管道系统。波纹补偿器、套筒补偿器和球形补偿器有定型产品和专门的生产厂家。

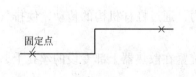

图 4-40　Z 形或自然弯曲和固定点

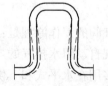

图 4-41　方形补偿器

（5）减压阀。当热源的蒸汽压力高于供暖系统的蒸汽压力时，就需要在供暖系统入口设置减压阀。减压阀是通过调节阀孔大小对蒸汽进行节流达到减压目的，并能自动地将阀后压力维持在一定的范围内。减压阀主要有活塞式、波纹管式和薄膜式。

任务 4.5　供暖管道的布置与敷设

在确定了供暖系统的基本形式后，需进行管道的布置。管道的布置与敷设应遵循一定的原则：力求管路简单、节省管材、便于维修管理排气泄水、保证系统正常工作。室内供暖系统管道布置主要是指系统入口、供回水干管、立管、连接散热器的支管和系统阀门的布置。

4.5.1　供暖系统的入口装置

供暖系统的入口是指室外供热网路向热用户供热的连接场所，装有必备的设备、仪表及控制设备，调节控制供向热用户的热媒参数，计量热媒流量和用热量。一般设有热量表、压力表、温度计、循环管、旁通阀、平衡阀、除污器和泄水阀等。当供暖管道穿过基础、墙或楼板时，应按规定尺寸预留孔洞。建筑物可设有一个或多个入口，热水供暖系统的入口装置如图 4-42 所示。蒸汽供暖系统在室外蒸汽压力高于室内蒸汽系统的工作压力时，系统入口的供汽管上需设置减压阀、安全阀等。

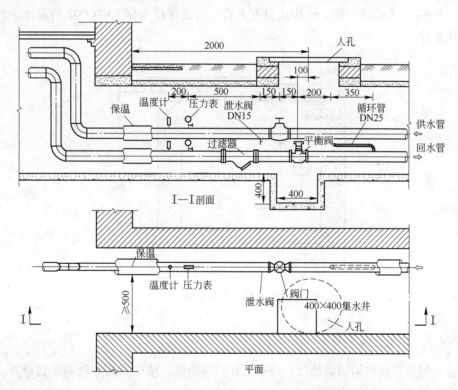

图 4-42　热水供暖系统的入口装置

4.5.2　供暖管道的布置与敷设

供暖管道采用水煤气输送钢管，可采用螺纹连接、焊接和法兰连接，供暖管道的敷设可分为明装和暗装两种。

4.5.2.1　干管布置

供暖系统应合理划分支路，目的在于合理地分配热量，便于控制、运行调节和维修。

水平干管要有正确的坡度坡向，对于机械循环热水供暖系统管道的坡度一般为0.003，不小于0.002；自然循环热水供暖系统管道的坡度一般为0.005～0.01；对于蒸汽供暖系统的汽水同向的蒸汽管道，坡度一般为0.003，不小于0.002；对于汽水逆向的蒸汽管道，坡度一般为0.005。应在供暖管道的高点设放气、低点设泄水装置。干管变径不得使用补心变径，应按排气要求使用偏心变径，管道变径一般设在三通附近200～300mm处。

在上供下回式供暖系统中，供水干管在建筑物顶层，可明装敷设在顶板下，也可暗装敷设在吊顶内。回水干管一般敷设在建筑物首层的地沟内或地下室内，回水干管有时也可明装敷设在首层房间的地面上。当明装敷设在房间地面上的回水干管或凝结水管道过门时，需设置过门地沟或门上绕行管道，便于排气和泄水。

室内地沟一般为半通行地沟，如图4-43所示。地沟净高度一般为1.0～1.2m，净宽度不小于0.6m。为检修方便，地沟应设有人孔，沟底保持0.001～0.002的坡度，并在最低点设集水井。

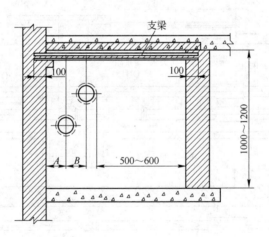

图 4-43　室内地沟

4.5.2.2　立管、支管布置

立管一般布置在房间的墙角处，或布置在窗间墙处，楼梯间的立管应单独设置。立管上下端均应设阀门，以便于检修。

当管道穿过墙壁和楼板时，应设置钢套管。墙壁内的套管两端与饰面相平，楼板内的套管上端应高出地面20mm，下端应与楼板底面相平，如图4-44所示。

散热器支管应尽量同侧连接，水平的支管应具有一定的坡度。当支管长度小于或等于500mm时，坡值为5mm；当支管长度大于500mm时，坡值为10mm。

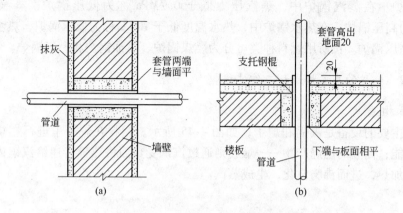

图4-44　管道穿墙壁和楼板做法

（a）管道穿墙壁做法；（b）管道穿楼板做法

4.5.2.3　阀门的设置

供暖管道设置阀门的目的是开启和关闭管道通路，以调节热媒流量。在供暖系统中，一般常采用的阀门有闸阀、蝶阀、截止阀、温控阀、减压阀等。

在热水供暖系统中，需设置阀门的地点有：

（1）建筑物供暖系统的入口，应在总供、回水管上装设总阀门、平衡阀及泄水阀门。

（2）室内各分支供、回水干管上装设分支阀门及泄水阀门。

（3）供、回水立管上装设立管阀门及泄水阀门。

（4）双管系统每组散热器供水支管上装设阀门，宜在双管系统使用温控阀。

（5）散热器上安装手动排气阀。

在蒸汽供暖系统中，需设置阀门的地点有：

（1）蒸汽供暖系统入口可利用减压阀进行减压。

（2）在蒸汽总管及凝结水总管上装设阀门。

（3）在各分支的蒸汽管道上装设阀门。

（4）在蒸汽立管及每组散热器的蒸汽支管上装设阀门。

（5）散热器上安装手动排气阀。

任务4.6　锅炉与锅炉房辅助设备

锅炉是供热源，锅炉及锅炉房设备的任务，在于安全可靠、经济有效地把燃料的化学能转化为热能，进而将热能传递给水，以产生热水或蒸汽。

4.6.1　供热锅炉概述

4.6.1.1　锅炉的分类

供热锅炉按其工作介质不同分为蒸汽锅炉和热水锅炉。按其压力大小又可分为低压锅炉和高压锅炉。在蒸汽锅炉中，蒸汽压力低于 0.7MPa 称为低压锅炉；蒸汽压力高于 0.7MPa 称为高压锅炉。在热水锅炉中，热水温度低于 100℃称为低压锅炉，热水温度高于 100℃称为高压锅炉。按所用燃料种类可分为燃煤锅炉、燃油锅炉和燃气锅炉。

4.6.1.2　锅炉的基本构造和工作过程

A　基本构造

锅炉最主要的设备是汽锅和炉子，如图 4-45 所示。燃料在炉子里进行燃烧，将化学能转化为热能；高温的燃烧产物——烟气则通过汽锅受热面将热量传递给汽锅内温度较低的水，水被加热，进而沸腾汽化，生成蒸汽。

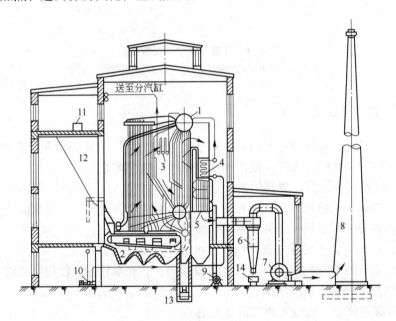

图 4-45　锅炉设备简图

1—锅筒；2—链条炉排；3—蒸汽过热器；4—省煤器；5—空气预热器；6—除尘器；
7—引风机；8—烟囱；9—送风机；10—给水泵；11—带式输送机；
12—煤仓；13—刮板除渣机；14—灰车

汽锅是由锅筒（又称汽包）、管束、水冷壁、集箱和下降管等组成的一个封闭汽水系统。炉子是由煤斗、炉排、除渣板、送风装置等组成的燃烧设备。

此外，为了保证锅炉的正常工作和安全，蒸汽锅炉还必须装设安全阀、水位表、压力表、主汽阀、排污阀、止回阀等。

B　工作过程

（1）燃料的燃烧过程。如图 4-46 所示，燃料由炉门投入炉膛中，铺在炉箅上燃烧；空气受烟囱的引风作用，由灰门进入灰坑，并穿过炉箅缝隙进入燃料层进行助燃。燃料燃烧后变成烟气和炉渣，烟气流向汽锅的受热面，通过烟道经烟囱排入大气。

（2）烟气与水的热交换过程。燃料燃烧时放出大量热能，这些热能主要以辐射和对流两种方式传递给汽锅里的水，所以，汽锅也就是一个热交换器。由于炉膛中的温度高达

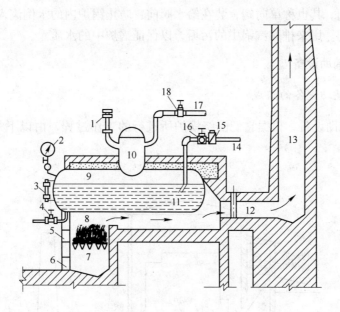

图 4-46　锅炉的工作原理图

1—安全阀；2—压力表；3—水位表；4—排污阀；5—炉门；6—灰门；7—炉箅灰坑；
8—炉膛；9—蒸汽空间；10—干汽室；11—汽锅；12—烟管；13—烟囱；
14—给水管；15—止回阀；16—给水阀；17—蒸汽管道；18—主汽阀

1000℃以上，因此，主要以辐射方式将热量传给汽锅壁，再传给汽锅中的水。在炉膛中，高温烟气冲刷汽锅的受热面，主要以对流方式将热量传给汽锅中的水，从而使水受热并降低了烟气的温度。

（3）水受热的汽化过程。由给水管道将水送入汽锅里至一定的水位，汽锅中的水接受锅壁传来的热量而沸腾汽化。沸腾水形成的气泡由水底上升至水面以上的蒸汽空间，形成汽和水的分界面——蒸发面。蒸汽离开蒸发面时带有很多水滴，湿度较大，到了蒸汽空间后，由于蒸汽运动速度减慢，大部分水滴会分离下来，蒸汽上升到干汽室后还可分离出部分水滴，最后带少量水分由蒸汽管道送出。

C　锅炉的配件

（1）压力表。压力表是用以测量和表示锅炉压力的，是司炉人员借以进行操作和确保锅炉安全运行的主要仪表。压力表的表盘最大刻度范围不应小于锅炉工作压力的两倍。

（2）安全阀。安全阀是锅炉必不可少的重要安全附件。它有两个作用：一是当锅炉压力达到预定限度时，自动开启放出蒸汽并警报，操作人员及时采取有效措施；二是安全阀开启后能快速泄放出足够的蒸汽，使锅炉压力下降，直至降到额定工作压力时，它才自动关闭。

（3）水位表。司炉人员通过水位表来监视汽锅里的水位。水位表上标有最低水位和最高水位。

（4）主汽阀。用来打开和关闭主蒸汽管。

（5）给水阀。用来打开或关闭锅炉的给水管。

（6）止回阀。其也称单向阀，装在给水阀前，防止锅炉内的水倒流入给水管中。

（7）排污阀。用来排除汽锅中的污垢，以保证锅炉中的水质。

4.6.2　锅炉房辅助设备

4.6.2.1　辅助设备的组成

锅炉房的辅助设备，根据它们围绕锅炉所进行的工作过程，由以下几个系统所组成，如图 4-47 所示。

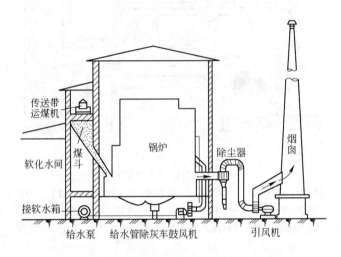

图 4-47　锅炉房设备简图

（1）运煤、除灰系统。该系统主要设备包括传送带运煤机、煤斗和除灰车。传送带运煤机通过煤斗将煤送入炉内。小型锅炉房通常采用人工运煤、除灰。

（2）送、引风系统（包括除尘系统）。为了给炉子送入燃烧所需空气和从锅炉引出燃烧产物——烟气，以保证燃烧正常进行，并使烟气以必需的流速冲刷受热面，锅炉必须有强大的通风、排烟设备。一般的通风、排烟设备有吹风机、引风机、排烟道（一定高度的烟囱），用来保证烟尘的正常排放。

锅炉排放的烟尘中含有大量的硫化物等有害气体和灰尘。硫化物是大气环境污染的主要污染物质。为此，要求锅炉排放的烟气必须除硫、除尘。措施有：

1）通过改进燃烧装置及进行合理的燃烧调节，使燃料在炉膛中充分燃烧，以得到消烟除硫的效果。

2）对于飞尘，在锅炉的尾部配备烟气除尘器，使得锅炉排放能符合标准。

（3）水、汽系统（包括排污系统）。包括给水装置、水处理装置及送汽系统。给水装置由给水箱、水泵和给水管道组成。水处理装置由水的软化设备、除氧设备及管道组成。此外，还有送汽的分汽缸及排污系统的降温池等。

（4）仪表控制系统。除了锅炉本体上安装的仪表外，为监控锅炉设备安全经济运行，还常设有一系列的仪表和控制设备，如蒸汽流量计、水量表、烟温计、风压计、排烟二氧化碳指示仪等常用仪表。在有的锅炉房中还设置有给水自动调节装置，烟、风闸门远距离操纵或遥控装置，更科学地监控锅炉运行。

4.6.2.2　锅炉房在平面上的位置

（1）锅炉房应尽量靠近主要热负荷或热负荷集中的地区。

（2）锅炉房应尽量位于地势较低的地点（但要注意地下水和地面水对锅炉的影响），以利于蒸汽系统的凝结水回收和热水系统的排气。

（3）锅炉房应位于供暖季节主导风向的下风向，避免烟尘吹向主要建筑物和建筑群，全年使用的锅炉房应位于常年主导风向的下风向。

（4）锅炉房的位置，应有较好的朝向，以利于自然通风和采光。

（5）锅炉房的位置，应便于燃料和灰渣的运输、堆放。

（6）锅炉房的位置，应便于供水、供电和排水。

（7）要考虑锅炉房有扩建的可能性，选择锅炉房的位置时，应注意留有扩建的余地。

4.6.2.3　锅炉房对土建的要求

（1）锅炉房是一、二级耐火等级的建筑，应单独建造。

（2）锅炉前端、侧面和后端与建筑物之间的净距，应满足操作、检修和布置辅助设施的需要，并应符合下列规定：

炉前至墙距离不应小于 3m；当需要在炉前进行拨火、清炉等操作时，炉前距离应不小于燃烧室总长加 2m；锅炉侧面和后端的通道净距不应小于 0.8m，并应保证有更换锅炉管束和其他附件的可能。

（3）锅炉房结构的最低处到锅炉的最高操作点的距离，应不小于 2m，屋顶为木结构时，应不小于 3m。卧式快装锅炉的锅炉房，净高一般不宜低于 6m。

（4）锅炉房占地面积超过 150m² 时，应至少有两个出口通向室外，并分别设在锅炉房的两侧。如果锅炉前端锅炉房的总宽度（包括锅炉之间的过道在内）不超过 12m，且锅炉房占地面不超过 200m² 的单层锅炉房，可只设一个出口。

（5）锅炉房的外门应向外开，锅炉房内休息间或工作间的门应向锅炉间开。

（6）锅炉房内应有足够的光线和良好的通风。在炎热地区应有降温措施，在寒冷地区应有防寒措施。

（7）锅炉房一般应设水处理间、机泵间、热交换器间、维修间、休息间及浴厕等辅助房间。此外，还可根据具体情况设有化验室、办公室及库房等。

（8）锅炉房的地面应高出室外地面 150mm，以利于排水。锅炉房门口应做成坡道。

（9）锅炉房应留有能通过最大设备的安装洞，安装洞可与门窗结合考虑，利用门窗上面的过梁作为预留洞的过梁，待到设备安装完毕后，再封闭预留洞。

（10）锅炉房内的管道，应由墙上的支架支承，一般不应吊在屋架下弦上。

任务 4.7　建筑采暖施工图识读

4.7.1　建筑采暖施工图的组成

采暖系统施工图包括平面图、系统轴测图、详图、设计和施工说明、图例、图纸目录、设备材料明细表等。

（1）采暖平面图。其是利用正投影原理，采用水平全剖的方法，表示出建筑物各层供暖管道与设备的平面布置，应连同建筑平面图一起画出。内容包括：

1）标准层采暖平面图。应表明立管位置及立管编号，散热器的安装位置、类型、片数及安装方式。

2）顶层采暖平面图。除了有与标准层平面图相同的内容外，还应标明总立管、水平干管的位置、走向、立管编号、干管坡度及干管上阀门、固定支架的安装位置与型号，集气罐、膨胀水箱等设备的位置、型号及其与管道的连接情况。

3）底层平面图。除了有与标准层平面图相同的内容外，还应标明引入口的位置，供、回水总管的走向、位置及采用的标准图号（或详图号），回水干管的位置，室内管沟（包括过门地沟）的位置和主要尺寸，活动盖板和管道支架的设置位置。

采暖平面图常用的比例有 1：50、1：100、1：200 等。

（2）系统轴测图。其又称系统图，是表示采暖系统的空间布置情况，散热器与管道的空间连接形式，设备、管道附件等空间关系的立体图。在图上要标明立管编号、管段直径、管道标高、水平干管坡度及坡向、散热器片数及集气罐、膨胀水箱、阀件的位置、型号规格等。其比例与平面图相同。

（3）详图。表示采暖系统节点与设备的详细构造与安装尺寸要求。平面图和系统图中表示不清，又无法用文字说明的地方，如热力引入口装置、膨胀水箱的构造与配管、管沟断面、保温结构等需要绘制详图。如能选用国家标准图时，可不绘制详图，但要加以说明，给出标准图号。

常用比例有 1：10 ~ 1：50。

（4）设计、施工说明。用文字说明设计图纸无法表达的问题。如设计依据，系统形式，热媒参数、进出口压差，散热器的种类、形式及安装要求，管道管材的选择、连接方式、敷设方式，附属设备（阀门、排气装置、支架等）的选择，防腐、保温做法及要求，水压试验要求等。如果施工中还需参照有关专业施工图或采用的标准图集，还应在设计、施工说明中说明参阅的图号或标准图号。

4.7.2　建筑采暖施工图的识读方法

采暖施工图的识读通常沿着热介质的流向从热力引入口开始，结合平面图和系统图由供水引入管→供水干管→供水立、支管→散热器→回水立、支管→回水干管→回水引出管。

4.7.3　采暖施工图的一般规定

（1）采暖施工图的绘制要符合《工程制图标准》及《暖通空调制图标准》的规定。

（2）采暖施工图中的管道标高一律标注在管中心，单位为 m。标高标注在管段的始、末端及交叉处要能反映出管道的起伏与坡度变化。

（3）管径规格的标注，焊接钢管一律标注公称直径，并在数字前加"DN"，无缝钢管应标注外径×壁厚，并在数字前加"D"，例如：D89×4 指其外径为 89mm，而其壁厚为 4mm。

（4）散热器的种类尽量采用一种，可以在设计说明中注明种类、型号，平面图及系统图中只标注散热器的片数或长度，种类在两种或两种以上时，可用图例加以区别，并分别标注，标注方法见表 4-1。

（5）采暖立管的编号，可用 8～10mm 中线单圈，内注阿拉伯数字，立管编号同时标于首层、标准层及系统图（轴测图）所对应的同一立管旁。系统简单时可不进行编号。系统图中的重叠、密集处，可断开引出绘制，相应的断开处宜用相同的小写拉丁字母注明。

（6）采暖施工图常用图例可参照表 4-1，也可以自行补充，但应避免混淆。

表 4-1　图例

序号	名　称	图　例	序号	名　称	图　例
1	管　道	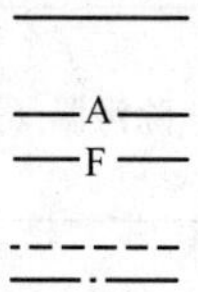	11	丝　堵	
2	采暖 供水（汽）管 回（凝结）水管	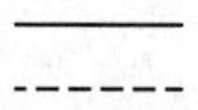	13	固定支架	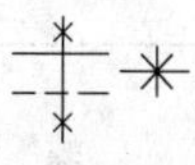
3	保温管	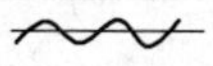	14	截止阀	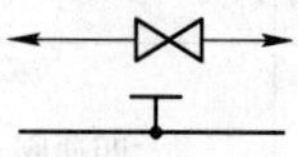
4	软　管		15	闸　阀	
5	方形伸缩器		16	止回阀	
6	套管伸缩器	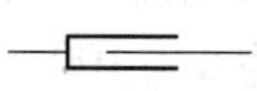	17	安全阀	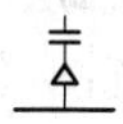
7	波形伸缩器	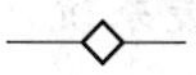	18	减压阀	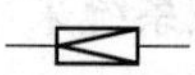
8	弧形伸缩器		19	膨胀阀	 或 
9	球形伸缩器		20	散热器放风门	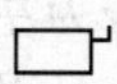
10	流　向		21	手动排气阀	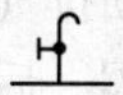
			12	滑动支架	

序号	名　称	图　例	序号	名　称	图　例
22	自动排气阀		30	节流孔板	
23	疏水器		31	散热器	
24	三通阀	或	32	集气罐	
25	旋塞		33	平衡阀	
26	电磁阀		34	除污器（过滤器）	
27	角阀		35	手动调节阀	
28	蝶阀		36	暖风机	
29	四通阀				

4.7.4 采暖施工图示例

　　该设计为某企业的一栋三层办公楼。施工图纸包括一层（底层）采暖平面图（图4-48）、二层（标准层）采暖平面图（图4-49）、三层（顶层）采暖平面图（图4-50）、采暖系统图（图4-51）。平面图及系统图比例均为1∶100。另配有采暖设计说明及图例（图4-52）。

　　该系统采用机械循环上供下回垂直式热水采暖系统，供水温度为80℃，回水温度为60℃。

　　热力引入口位于该办公楼北侧中部，供水引入管与回水引出管同沟敷设，均设在1.0m×1.5m的室外地沟内，引入管设计标高为－1.45m。进入室内的供水总管在④轴线左侧垂直上升至顶层楼板下，室内供水干管的设计标高均为9.5m，敷设顶层楼板下。供水干管分为左右两个环路，右环路设有9个立管，编号从2～10，供水干管末端设置自动排气阀，且引入卫生间方便的地方；左环路设有7个立管，编号从11～17，供水干管末端设置自动排气阀，引入卫生间方便的地方。分支环路的始末及立管的上下均设阀门，前者设置闸阀，后者设置球阀，自动排气阀前均应安装截止阀。

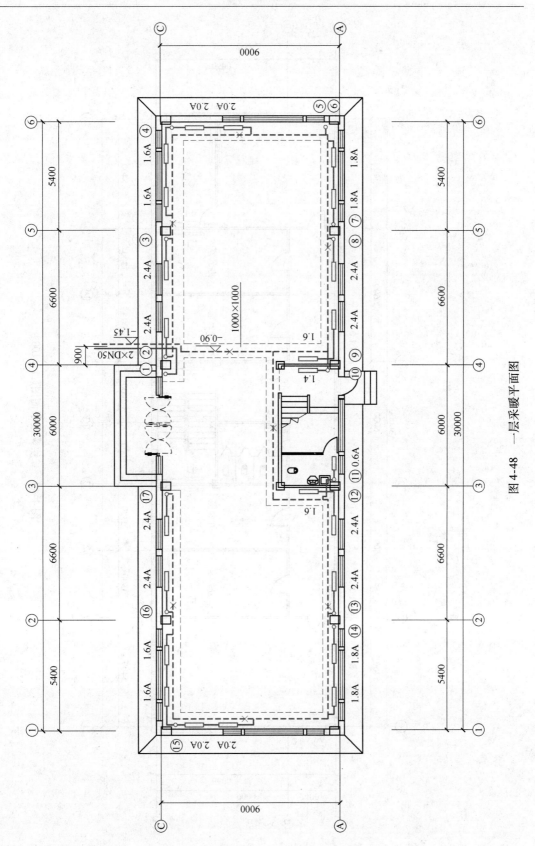

图 4-48　一层采暖平面图

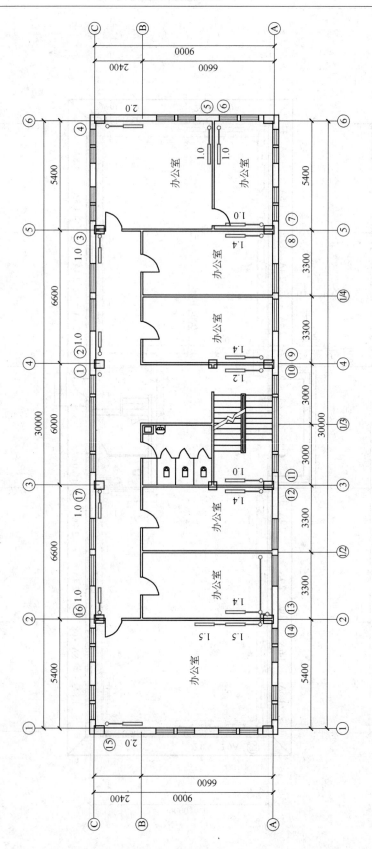

图 4-49　二层采暖平面图（ 1 : 100 ）

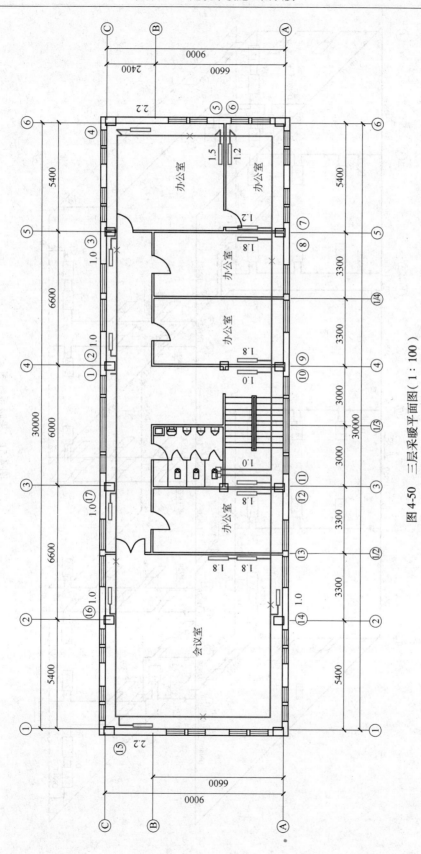

图 4-50　三层采暖平面图（ 1 : 100 ）

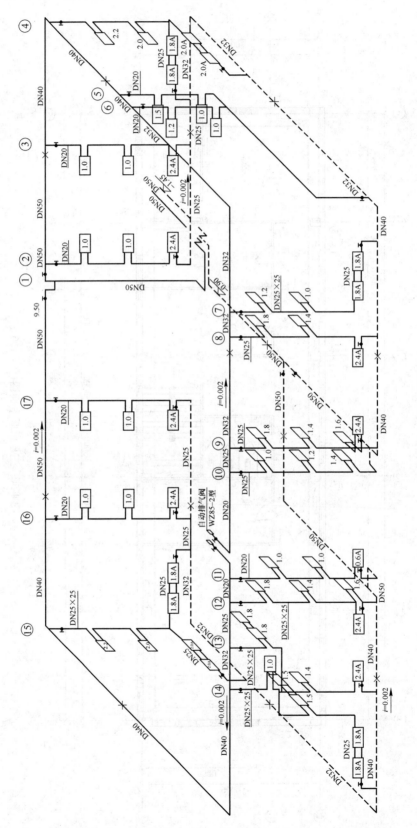

图 4-51　采暖系统图

采暖设计说明

1. 热媒为 60~80℃低温热水，连续供暖，采暖系统形式为垂直单管顺流式。

2. 本工程采暖系统热负荷为 80kW。采暖系统阻力损失 15kPa。

3. 散热器采用 GLCR-S-6 型和 GLCR-S-3 型钢制高频焊翅片管散热器。GLCR-S-3 型散热器用 "A" 表示。

   与散热器的连接管应设 "乙" 字弯，其支管应有坡度。

4. 采暖管采用焊接钢管，管道连接为 DN>32 焊接，DN≤32 丝扣连接。

5. 地沟内管道刷两遍樟丹后，用岩棉管壳保温，厚为 40mm，外缠一层塑料薄膜，两层玻璃丝布，刷沥青两遍。

6. 管道系统的最高点，应配置自动排气阀。管道穿越墙壁或楼板应设钢套管，安装在墙壁内的套管，其两端应与墙面相平，安装在楼面相平。管道穿越墙壁或楼板其套管其顶部应高出地面 20mm，底部与楼板相平。

7. 采暖系统阀门选用：DN≤40，均采用球阀，DN≥50 为闸阀，选用压力为 1.6MPa。

8. 采暖入口做法，水平管支架安装及间距详见《辽 2002T901》。

9. 散热器组成后进行 0.8MPa 的水压试验，试验 2~3min 不渗不漏为合格。

10. 采暖系统安装完毕后，应进行水压试验，采暖系统试验压力均为 0.8MPa，10min 压力降不大于 0.02MPa 为合格。

11. 卫生间设功率 36W 排气扇。

12. 办公室及会议室内设分体空调器，由甲方自理。

13. 未尽事宜详见国家现行有关规范。

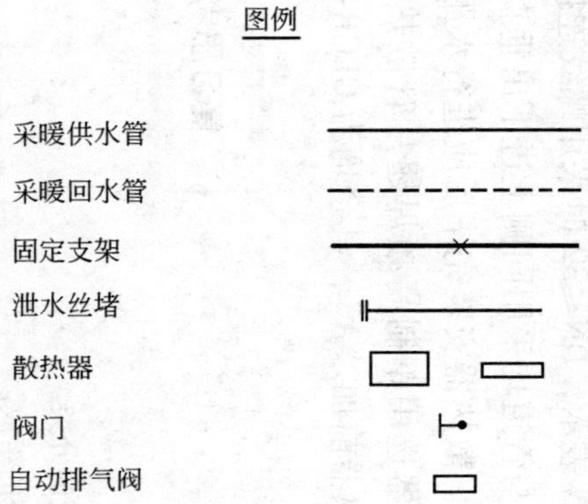

图例

	采暖供水管
	采暖回水管
	固定支架
	泄水丝堵
	散热器
	阀门
	自动排气阀

图 4-52　采暖设计说明及图例

供、回水干管室内设计标高为 –0.9m，敷设在 1.0m×1.0m 的室内地沟内，敷设在室内外地沟内的管道均应做保温、防腐处理。供、回水干管及总立管均采用焊接钢管，管径均用公称直径 DN 表示，DN≤32 时采用螺纹连接；DN≥40 时采用焊接。

各层散热器与管道均采用同侧上进下出垂直式连接，个别房间散热器片数较多，采用水平串联式连接。散热器安装完毕后应进行水压试验，试验压力为 0.6MPa。

该系统散热器选用钢制高频焊翅片管散热器，每组长度均标在平面图及系统图上，GLCR-S-3 型散热器前加 "A"，其余均为 GLCR-S-6 型散热器。

复习思考题

4-1　简述采暖系统的分类。

4-2　简述采暖系统的组成。

4-3　简述自然循环热水采暖系统的工作原理。

4-4　简述机械循环热水采暖系统的特点。

4-5　简述蒸汽采暖系统的分类。

4-6　简述辐射采暖的特点。

4-7　简述辐射采暖的种类。

4-8　简述采暖散热器的分类。

4-9　采暖系统的附属设备有哪些?

4-10　简述锅炉的分类。

4-11　简述锅炉的工作过程。

4-12　锅炉房对土建的要求是什么?

项目5   通风与空气调节

任务5.1   通风系统概述

所谓通风，就是把室内被污染的空气直接或经净化后排到室外，把新鲜空气补充进来，从而保持室内的空气环境符合卫生标准和满足生产工艺的需要。

通风作为改善空气条件的一种方法，它包括从室内排除污浊空气和向室内补充新鲜空气两个方面，前者称为排风，后者称为送风。为实现排风和送风所采用的一系列设备、装置构成了通风系统。

5.1.1   通风系统的分类

迫使室内空气流动的动力称为通风系统的作用动力。通风系统按其作用动力的不同，可分为自然通风和机械通风两种。

5.1.1.1   自然通风

自然通风是指在自然压差作用下，室内、外空气通过建筑物围护结构的孔口流动的通风换气。根据压差形成的机理，可以分为风压作用下的自然通风和热压作用下的自然通风。

（1）风压作用下的自然通风。风压是由空气流动形成的压力，也称风力。风压作用下的自然通风如图5-1所示。当有风吹过建筑物时，房屋在迎风面形成正压区（大于室内压力），从而使风可以从门窗吹入，同时，会在背风面形成负压区（小于室内压力），室内空气又可以从背风面的门窗压出，造成室内空气的流动。显然，风压作用下的自然通风的效果取决于风速的大小及建筑物的结构和形状。

（2）热压作用下的自然通风。热压作用下的自然通风如图5-2所示。它利用室内、外空气温度不同所造成的室内、外气压差，来迫使室内空气进行流动。当室内空气温度高于室外气温时，室内、外空气间的密度差使室外空气从下部窗口流入室内，而室内密度较小

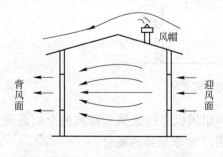

图 5-1   风压作用下的自然通风

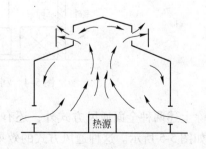

图 5-2   热压作用下的自然通风

的热空气上升，从上部窗口流出。这种通风方式特别适用于室内有热源的场合。

热压作用下的自然通风的效果与天窗排风性能有密切关系。普通天窗（不加挡风板）的迎风面往往存在倒灌风的现象。在天窗外面安装适当的挡风板（图 5-2）后，挡风板与天窗之间的空间不论风向如何都处于负压区，这样可以避免风的倒灌现象。

自然通风是一种经济而有效的通风方式，它不消耗能源，设备投资省，较为经济实用，但受自然条件的影响较大，空气不能进行预先处理，排出的空气会污染周围环境。

5.1.1.2　机械通风

机械通风是指利用通风机所造成的压力，迫使室内、外空气进行交换的一种通风方式。它由通风机和送排风等管道组成，还可与一些空气处理设备连接，组成机械通风系统。

采用机械通风能够解决自然通风所难以解决的问题，并可进行局部通风，改善室内局部空气条件，还可根据实际需要调节风量。

根据通风范围的不同，机械通风又可分为全面通风和局部通风两种。

（1）全面通风。全面通风是指对整个房间进行通风换气，使整个房间的空气环境都符合规定要求的通风方式。图 5-3 所示为一种最简单的全面通风方式。轴流式风机把室内污浊空气排到室外，同时使室内形成负压。在负压的作用下，新鲜空气从窗口流入室内，补充排风。

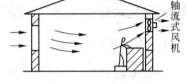

图 5-3　利用轴流式风机排风的全面通风

采用这种通风方式时，室内的污浊空气不会流入相邻的房间，适用于空气较为污浊的场所。

图 5-4 所示为利用风机送风的全面通风方式。它利用风机把经过处理的室外新鲜空气，通过风管送到室内，使室内的气压增大，从而将室内的污浊空气从窗口排出室外。采用这种方式进行通风，周围相邻房间的空气不会流入室内，适用于室内清洁度要求较高的房间。

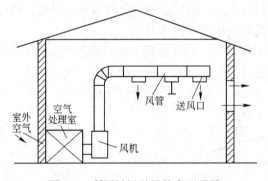

图 5-4　利用风机送风的全面通风

除上述两种全面通风方式外，还有一种同时利用风机进行送风和排风的全面通风方式，如图 5-5 所示。这种通风方式的效果较好，适用于要求较高的场合。

（2）局部通风。局部通风是指利用风机所形成的风压，通过风管将室外新鲜空气送到

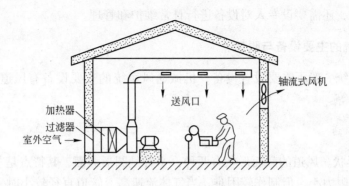

图 5-5　同时设送风、排风风机的全面通风

室内某个地点（或将室内某个地点的污浊空气排出室外）的通风方式。这种通风方式可以改善室内某个局部的空气条件，在室内污浊空气产生较为集中或室内人员较为集中的场所，可采用局部通风系统。

　　图 5-6 所示为机械局部排风系统。通常将排风口设在产生污浊空气的地点，使污浊空气产生时就立即被排出室外，防止在室内扩散。

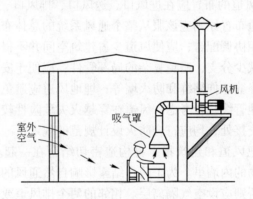

图 5-6　机械局部排风系统

　　图 5-7 所示为机械局部送风系统。通常将送风口设置在工作人员的工作地点，使工作人员周围的空气环境得以改善。

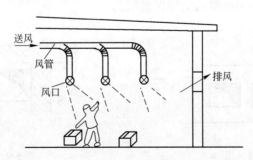

图 5-7　机械局部送风系统

采用机械通风系统具有使用灵活方便、通风效果良好稳定的优点，但它需配置较多的

设备，初投资大，还需要设专人对设备进行日常维护和管理。

5.1.2　通风系统的主要设备与附件

自然通风系统一般不需要设置设备，机械通风系统的主要设备有风道、风机、风阀、风口和除尘设备等。

5.1.2.1　风道

（1）截面形状。风道的截面形状有两种：一种是圆形截面，其特点是节省材料、强度较高，而且流动阻力小，但制作较困难，当气体流速高、管道直径较小时采用圆风道；另一种是矩形截面，其特点是美观，管路与建筑结构相配合，当截面尺寸大时，为充分利用建筑空间常采用矩形截面。

（2）风道材料。风道的常用材料为镀锌薄钢板，常用于潮湿环境中通风系统风管及配件、部件的制作。对于洁净度要求高或有特殊要求的工程常采用不锈钢或铝板制作，对于有防腐要求的工程可采用塑料或玻璃钢制作。采用建筑风道时，一般用砖、钢筋混凝土等制作。

（3）风道的布置。风道的布置应在进风口、送风口、排风口、空气处理设备、风机的位置确定之后进行。风道布置原则应该服从整个通风系统的总体布局，并与土建、生产工艺和给排水等各专业互相协调配合；应使风道少占建筑空间并不得妨碍生产操作；风道布置还应尽量缩短管线，减少分支，避免复杂的局部管件；应便于安装、调节和维修；风道布置应尽量避免穿越沉降缝、伸缩缝和防火墙等；埋地风道应避免与建筑物基础或生产设备底座交叉，并应与其他管线综合考虑；风道在穿越火灾危险性较大房间的隔墙、楼板处以及垂直和水平风道的交接处，均应符合防火设计规范的规定。

在某些情况下可以把风道和建筑物本身构造密切结合在一起。如民用建筑的竖直风道，通常就砌筑在建筑物的内墙里。为了防止结露影响自然通风的作用压力，竖直风道一般不允许设在外墙中，否则应设空气隔离层。相邻的两个排风道或进风道，其间距不应小于 1/2 砖厚；相邻的进风道和排风道，其间距不应小于 1 个砖厚。风道的断面尺寸应按照砖的尺寸取整数倍，其最小尺寸为 1/2 × 1/2 砖厚，如图 5-8 所示。如果内墙墙壁尺寸小于 3/2 砖厚时，应设贴附风道，如图 5-9 所示，当贴附风道沿外墙内侧布设时，应在风道外壁和外墙内壁之间留有 40mm 厚的空气保温层。

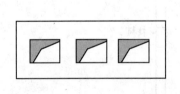

图 5-8　内墙风道

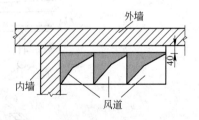

图 5-9　贴附风道

工业通风管道常采用明装。风道用支架支承沿墙壁敷设，或用吊架固定在楼板、桁架之下。在满足使用要求的前提下尽可能布置得美观。

5.1.2.2　风机

风机根据其作用原理可分为离心式、轴流式和贯流式三种。其中贯流式风机仅用于设备产品中（如风机盘管），在通风工程中大量使用的是离心式和轴流式两种风机。

（1）离心式风机。离心式风机由叶轮、机壳、风机轴、进气口、排气口、电动机等组成，其结构如图 5-10a 所示。当叶轮在电动机带动下随风机轴一起高速旋转时，叶片间的气体在离心力作用下径向甩出，同时在叶轮的进气口形成真空，外界气体在大气压力作用下被吸入叶轮内，以补充排出的气体，由叶轮甩出的气体进入机壳后被压向风道，如此源源不断地将气体输送到所需要的场所。

（2）轴流式风机。轴流式风机主要由叶轮、机壳、电动机和支座等组成，如图 5-10b 所示。轴流式风机的叶轮与螺旋桨相似，当电动机带动它旋转时，空气产生一种推力，促使空气轴向流入圆筒形机壳，并沿风机轴平行方向排出。

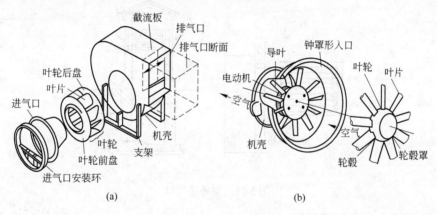

（a）　　　　　　　　　　　　　　　（b）

图 5-10　风机的结构

（a）离心式风机；（b）轴流式风机

轴流式风机产生的风压较小，很适于无须设置管道的场合以及管道的阻力较小的通风系统，而离心式风机常用在阻力较大的系统中。若将轴流式风机叶片根部偏转一定角度，则成为混（斜）流式风机。它是介于离心式和轴流式风机之间的一种风机，兼具两者的特点，常作为高层建筑防烟风机。

（3）贯流式风机。贯流式风机具有小风量、低噪声、安装简易的特点，它不像离心式风机在机壳侧板上开口使气流轴向进入风机，而是将机壳部分敞开，使气流直接沿径向进入风机，气流横穿叶片两次，且进、出风口均为矩形，与建筑物的配合十分方便。

5.1.2.3　风阀

通风系统中的阀门称为风阀，主要是用来调节风量、平衡系统、防止系统火灾。常用的风阀有闸板阀和蝶阀、止回阀和防火阀。

闸板阀多用于通风机的出口或主干管上，其特点是严密性好，但占地面积大。

蝶阀多用于分支管上或空气分布器前，可调节风量。这种阀门只要改变阀板的转角就可以调节风量，操作起来很简便。由于它的严密性较差，故不宜用于关断。

当风机停止运转时，止回阀可阻止气流倒流。它有垂直式和水平式两种。止回阀必须动作灵活，阀板关闭严密。

防火阀的作用是：当发生火灾时，能自动关闭管道，切断气流，防止火势蔓延。防火阀是高层建筑空调系统中不可缺少的部件。比较高级的防火阀可通过风道内的烟感探测器控制，在发生火灾时，可实现瞬时自行关闭。

5.1.2.4　进、排风装置

（1）室外进气口。室外进气口是送风系统的采气装置，可设专门采气的进气塔，或设于外围结构的墙上，空气经百叶风格和保温阀进入，如图 5-11 所示。百叶风格是为了避免雨、雪或外部杂物被吸入而设置的。保温阀用于调节进风，并防止冬季因温差结露而侵蚀系统。

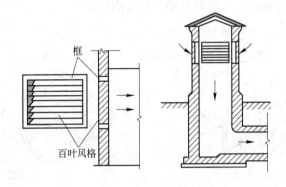

图 5-11　室外进气口

为了保证吸入空气的清洁度，室外进气口应该选择在空气比较新鲜、尘埃较少或距离排气口较远的地方。

（2）室外排风装置。室外排风装置作用是将排风系统中收集到的污浊空气排到室外，经常设计成塔式安装于屋面，如图 5-12 所示。设计时应符合下列要求：

1）当进、排风口都设于屋面时，其水平距离要大于 10m，并且进风口要低于排风口。

2）排风口设于屋面上时应高出屋面 1m 以上，且出口处应设排风帽或百叶窗。

3）自然通风系统须在竖排风道的出口处安装风帽以加强排风效果。

4）自然通风排风塔内风速可取 1.5m/s，机械通风排风塔内风速可取 1.5 ~ 8m/s。两者风速取值均不能小于 1.5m/s，以防止冷风渗入。

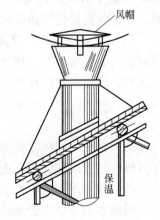

图 5-12　室外排风装置

（3）室内送、排风口。室内送风口是送风系统中风道的末端装置。由送风道输入的空气通过送风口以一定速度均匀地分配到指定的送风地点；室内排风口是排风系统的始端吸入装置，室内被污染的空气经过排风口进入排风道内。

室内送风口的形式有多种，最简单的形式是在风道上开设孔口送风，如图 5-13 所示。图 5-13a 所示的送风口无任何调节装置，无法调节送风的流量和方向；图 5-13b 所示的送风口处设置了插板，可以调节送风口截面的大小，便于调节送风量，但仍不能改变气流的方向。常用的室内送风口还有百叶式送风口，对于布置在墙内或者暗装的风道可采用这种送风口，将其安装在风道末端或墙壁上。百叶式送风口有单、双层和活动式、固定式之分，双层式不但可以调节风向也可以控制送风速度。为了美观还可以用各种花纹图案式送风口。

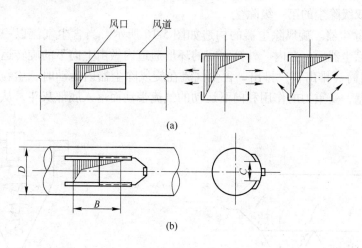

图 5-13　两种最简单的送风口

（a）风管侧送风口；（b）插板式送、吸风口

　　在工厂车间中往往需要大量的空气从较高的上部风道向工作区送风，而且为了避免工作地点有"吹风"的感觉，要求送风口附近的风速迅速降低。在这种情况下常用的室内送风口形式有空气分布器，如图 5-14 所示。

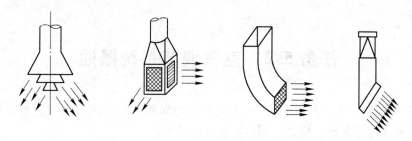

图 5-14　空气分布器

　　送风口的形式可根据具体情况参照采暖通风国家标准图集选用。
　　室内排风口一般没有特殊要求，其形式种类也较少。通常多采用单层百叶式排风口，有时也采用水平排风道上开孔的孔口排风形式。

5.1.2.5　除尘设备

　　为防止大气污染，排风系统在将空气排出大气前，应根据实际情况采取必要的净化处理，使粉尘与空气分离，进行这种净化处理的设备称为除尘设备。

除尘设备种类很多，下面介绍两种常用的除尘设备。

（1）重力沉降室。重力沉降室是一种粗净化的除尘设备，其构造如图 5-15 所示。当含尘气流从管道中以一定的速度进入重力沉降室时，由于流通断面突然扩大，使气流速度降低，重物下沉，所以，粉尘一边前进一边下落，最后落到沉降室底部被捕集。此种除尘设备是靠重力除尘的，因此，只适于捕集粒径大的粉尘，而且为了取得较好的除尘效果，要求重力沉降室具有较大的尺寸，但因其具有结构简单、制作方便、流动阻力小等优点，故目前多用于双级除尘的第一级除尘。

（2）旋风除尘器。旋风除尘器的构造如图 5-16 所示。当含尘气流以一定速度沿切线方向进入旋风除尘器后，在内、外筒之间的环形通道内做由上向下的旋转运动（形成外涡旋），最后经内筒（排出管）排出。含尘气流在旋风除尘器内运动时，尘粒受离心力的作用被甩到外筒壁，受重力的作用和向下运动的气流带动而落入底部灰斗，从而被捕集。

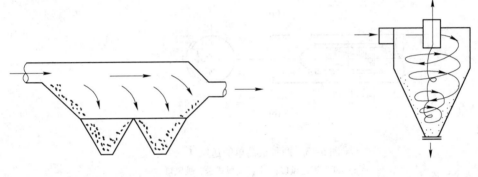

图 5-15　重力沉降室　　　　　　　　图 5-16　旋风除尘器

旋风除尘器可设置在墙体的支架上，也可设置在独立的支座上，可单独使用，亦可多台并联使用。由于其具有结构简单、体积小、维修方便等优点，所以在通风除尘工程中应用广泛。

任务 5.2　空气调节系统概述

空气调节简称空调，是指用人工的方法调节房间和封闭空间的空气温度、相对湿度、洁净度和气流速度等参数，使之达到给定要求的技术。

5.2.1　空调系统的组成

为了对空气环境进行调节和控制，需对空气进行加热、冷却、加湿、减湿、过滤、输送等各种处理，空调系统就是完成这一工作的系统。集中式空调系统（图 5-17），主要由以下几部分组成：

（1）空气处理部分。集中式空调系统的空气处理部分是一个包括空气处理设备在内的空气处理室，其中主要有过滤器、一次加热器、喷水室、二次加热器等。利用这些空气处理设备对空气进行净化过滤和热湿处理，可将送入空调房间的空气处理到所需的送风状态。各种空气处理设备都有现成的定型产品，这种定型产品称为空调机。

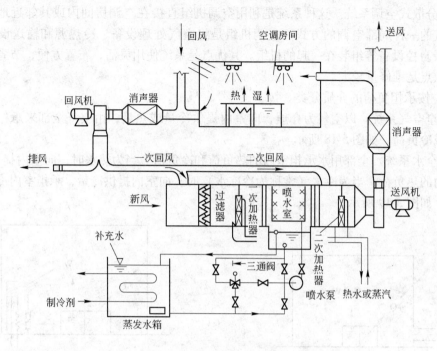

图 5-17　集中式空调系统组成示意图

（2）空气输送部分。空气输送部分主要包括送风机、回风机（系统较小时不用设置）、风管系统和必要的风量调节装置。送风系统的作用是不断将空气处理设备处理好的空气有效地输送到各空调房间；回风系统的作用是不断地排出室内回风，实现室内的通风换气，保证室内空气品质。

（3）空气分配部分。空气分配部分主要包括设置在不同位置的送风口和回风口，其作用是合理地组织空调房间的空气流动，保证空调房间内工作区（一般是 2m 以下的空间）的空气温度和相对湿度均匀一致，气流速度不致过大，以免对室内的工作人员和生产形成不良影响。

（4）辅助系统部分。集中式空调系统在空调机房集中进行空气处理，然后再将空气送往各空调房间。在空调机房中对空气进行制冷（热）的设备和湿度控制设备等就是辅助设备。

5.2.2　空调系统的分类

（1）按空气处理设备的设置分类。

1）集中式空调系统。这种系统的特点是将各种空气处理设备以及风机都集中设在一个专用的空调机房里，以便于集中管理。空气经集中处理后经风道输送到各空调房间。其优点是作用面积大、便于集中管理与控制；缺点是占地面积大，当被调房间负荷变化较大时，不易精确调节。

2）半集中式空调系统。这种系统的特点是除了设有集中空调机房外，尚有分散在各空调房间内的二次设备（也称末端装置）。其中大多设有冷热交换装置，其作用主要是在空气进入被调房间之前，对来自集中处理设备的空气作进一步补充处理。其优点是易于分散控制、管理，设备所占空间较小，安装方便；缺点是维修量大，无法常年维持室内温、湿度恒定。

　　3）分散式空调系统。这种系统是利用空调机组直接在空调房间内或其邻近地点就地处理空气的一种局部空调的方式。空调机组是将空气处理设备、冷热源和输送设备（风机）以及自控设备等组装在一起的机组。其优点是系统使用灵活，布置方便，节省大量的风道；缺点是维修量较大。

　　（2）按承担负荷的介质分类。

　　1）全空气系统。以空气为介质，向室内提供冷量或热量，由空气全部来承担房间的热负荷或冷负荷，如图 5-18 所示。

　　2）全水系统。全部用水承担室内的热负荷和冷负荷。当为热水时，向室内提供热量，承担室内的热负荷；当为冷水（常称为冷冻水）时，向室内提供冷量，承担室内冷负荷和湿负荷，如图 5-19 所示。

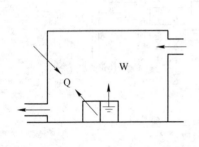

图 5-18　全空气系统

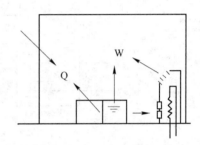

图 5-19　全水系统

　　3）空气-水系统。以空气和水为介质，共同承担室内的负荷。该系统是全空气系统与全水系统的综合应用，既解决了全空气系统因风量大导致风管断面尺寸大而占据较多有效建筑空间的矛盾，也解决了全水系统空调房间新鲜空气供应问题，因此这种空调系统特别适用于大型建筑和高层建筑，如图 5-20 所示。

　　4）制冷剂系统。以制冷剂为介质，直接用于对室内空气进行冷却、去湿或加热，如图 5-21 所示。

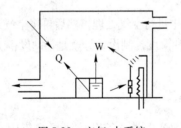

图 5-20　空气-水系统

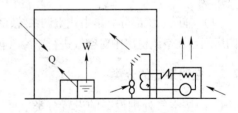

图 5-21　制冷剂系统

　　（3）按其使用环境、服务对象分类。

　　1）舒适空调。以室内人员为服务对象，以创造舒适环境为任务而设置的空调，如商场、办公楼、宾馆、饭店、公寓等建筑物设置的空调。

　　2）工业空调。以保护生产设备和益于产品精度或材料为主，以满足室内人员舒适要求而设置的空调，如车间、仓库等场所设置的空调。

　　3）洁净空调或洁净空调室。对空气尘埃浓度有一定要求而设置的空调，如电子工业、生物医药研究室、计算机房等场所设置的空调。

（4）按空调系统处理空气来源分类。

1）封闭式系统。封闭式系统处理的空气全部取自空调房间本身，没用室外新鲜空气补充到系统中来，全部是室内的空气在系统中周而复始地循环，如图 5-22 所示。

2）直流式系统。直流式系统处理的空气全部取自室外，即室外的空气经过处理达到送风状态点后送入各空调房间，送入的空气在空调房间内吸热吸湿后全部排出室外，如图 5-23 所示。

图 5-22　封闭式系统　　　　　　　　　　　　图 5-23　直流式系统

3）混合式系统。封闭式系统没有新风，不能满足空调房间的卫生要求，直流式系统的能量消耗大，不经济，所以对大多数有一定卫生要求的场合，往往采用混合式系统。混合式系统既能满足空调房间的卫生要求，又比较经济合理，如图 5-24 所示。

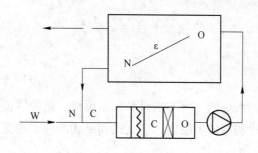

图 5-24　混合式系统

（5）按送风管道中空气流速的大小分类。

1）低速空调系统。在工业建筑的主风道中风速小于 15m/s，在民用和公共建筑的主风道中风速小于 10m/s。低速集中式空调系统为了满足送风量的要求，需采用很大的风道截面积，占据较多的建筑空间，且耗用较多的管材。

2）高速空调系统。在工业建筑的主风道中风速大于 15m/s，在民用和公共建筑的主风道中风速大于 12m/s。高速空调系统噪声较大。

任务 5.3　空调系统的主要设备

空调系统中的风机、通风管道、风阀等设备在通风系统中已阐述过，这里仅就未涉及的内容进行介绍。

5.3.1　组合式空调机

组合式空调机是按照空气处理的要求不同，将空气处理设备以一定的规格系列设计成多个功能段，其外壳多为钣金结构，如图 5-25 所示。使用时，按照设计要求将需要的功能段组合在一起即可。组合式空调机的常用功能段有：新回风混合段、中间混合段、过滤段、表冷段、加热段、加湿段、风机段、消声段等。组合式空调机处理风量一般为 2000 ~ 160000m³/h，它设计灵活，安装方便，可对空气进行集中处理。

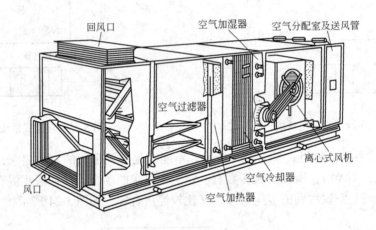

图 5-25　组合式空调机

5.3.2　风机盘管机组

风机盘管机组是空调系统的一种末端设备，由风机、盘管（换热器）以及电动机、空气过滤器、室温调节装置和箱体等组成，有立式和卧式两种，在安装方式上又有明装和暗装之分。

风机盘管空调系统的工作原理，就是借助于风机盘管机组不断地循环室内空气，使之通过盘管而被冷却或加热，以保持房间要求的温度和一定的相对湿度。盘管使用的冷水和热水，由集中冷源和热源供应。它一般设有三挡（高、中、低挡）变速装置，可调节风量大小，以达到调节冷、热量和噪声的目的。室内温度可以通过温度传感器来控制进入盘管的水量进行自动调节，也可以通过盘管的旁通阀门来调节。

风机盘管空调系统具有布置和安装方便，占用建筑空间小，单独调节性能好，无集中式空调的送风、回风风管以及各房间的空气互不串通等优点。目前，它已成为国内外高层建筑的主要空调方式之一。

5.3.3　空调机组

空调机组是指将一个空调系统连同相匹配的制冷系统中的全部设备或部分设备配套组装，并成为整体，而由工厂定型生产的一种空气调节设备。将空调和制冷系统中的全部主要设备都组装在同一箱体内的，称为整体式空调机组；将空调器和压缩冷凝机组分别制作成两个组成部分的，称为分体式空调机组。

空调机组的种类很多，大致可进行如下的分类：按容量大小分为立柜式和窗式；按制冷设备冷凝器的冷却方式分为水冷式和风冷式；按用途分为恒温恒湿机组和冷风机组；按供热方式分为普通式和热泵式。

5.3.3.1　分体式空调机组

分体式空调机组由室内机、室外机以及连接管和电线组成。视室内机的不同可分为壁挂式、吊顶式、落地式及柜机等。下面以使用最多的壁挂式空调机组为例进行介绍。

壁挂式空调机组包括室内机和室外机，室内机一般为长方形，挂在墙上，室内机后面有凝结水管，排向下水管道。室外机内有制冷设备、电动机、气液分离器、过滤器、电磁继电器、高压开关和低压开关等。连接管道有两根，一根是高压气管，另一根是低压气管。液管和气管都是紫铜管，需要弯曲时，弯曲半径越大越好。其工作过程如图 5-26 所示。低温低压的湿蒸汽进入蒸发器吸热，变成低压蒸汽，而后通过连接管进入压缩机，在压缩机的作用下变成高温高压蒸汽，进入冷凝器放热，变成高压低温液体，经过毛细管节流变成低压低温湿蒸汽，完成一个循环。

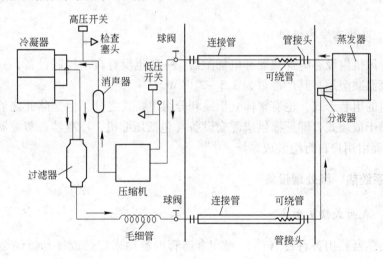

图 5-26　壁挂式空调机组工作过程示意图

5.3.3.2　窗式空调机

窗式空调机是一种直接安装在窗台上的小型空调机。这种空调机安装简单，噪声小，不需要水源，接上 220V 电源即可。窗式空调机的结构原理图如图 5-27 所示。

窗式空调机一般采用全封闭冷冻机，以氟利昂（R22）为制冷剂。冬季供暖循环时，可将电磁阀换向，进行冷热交换，使制冷剂流向改变，室内换热器改为冷凝器，向室内放热，室外换热器为蒸发器，从室外空气吸热。

冬季用热泵式空调机不能保证室温时，可将电阻式加热器作为辅助加热。窗式空调机一般制冷量为 1500～3500W，风量为 600～2000m³/h，控制温度范围为 18～28℃。

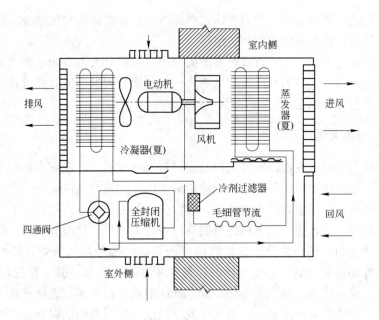

图 5-27　热泵式窗式空调机的结构原理图

5.3.3.3　立柜式冷风机组

立柜式冷风机组没有电加热器和电加湿器，一般也没有自动控制设备，只能供一般空调房间夏季降温减湿用，其产冷量为 3.5~210kW。

冷风机组的组装形式，也有整体立柜式和分组组装式之分。但是除此之外，还有些冷风降温设备属于散装式，即厂家供应配套设备（包括压缩机、冷凝器、蒸发器以及相应的各种配件），而由用户自行组装成系统。

5.3.4　空调系统热、湿处理设备

5.3.4.1　表面式换热器

表面式换热器利用各种冷（热）媒在金属管内流动来加热或冷却流经金属表面的空气。包括两大类：一是表面式空气加热器，以热水或蒸汽为热媒，使空气加热；二是表面式空气冷却器，以冷冻水或制冷剂为冷媒，使空气冷却、减湿。为了增强传热效果，表面式换热器通常采用肋管组成肋片式换热器，如图5-28所示。

为使冷（热）水与空气间有较大的传热温差，应使空气与水按逆交叉方式流动，即进水管与空气出口在同一侧。

另外，表面式换热器下部应设凝结水盘和排水管。对于冷热两用的表面式换热器，其热水温度不宜过高，以免管内积垢过多而降低传热系数。

5.3.4.2　电加热器

除表面式换热器外，有时为满足送风的特殊要求，可在空气处理过程中采用电加热器进行空气加热处理。其加热均匀迅速，效率高，结构紧凑，控制方便。

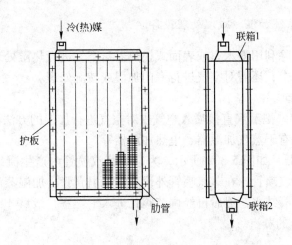

图 5-28　表面式换热器

电加热器是指电流通过电阻丝并使其发热而加热空气的设备，在小型空调冬季空气处理或恒温恒湿及精度要求较高的大型空调局部空气加热中，常采用电加热器对空气进行加热处理，如安装在空调房间的送风支管上，作为控制房间温度的辅助加热器。

5.3.4.3　喷水室

喷水室是空调系统中的主要空气处理设备之一。其主要起冷却空气和加湿的作用。其喷嘴孔径一般为 2～3mm。喷水室可分为卧式与立式以及单级与多级等几种，一般常用的为卧式单级喷水室。立式喷水室占地面积小，空气从下而上流动，水从上而下喷淋，热湿交换效果比卧式喷水室好。一般用于需处理的空气量不大或空调机房层高较高的场合，如图 5-29 所示。

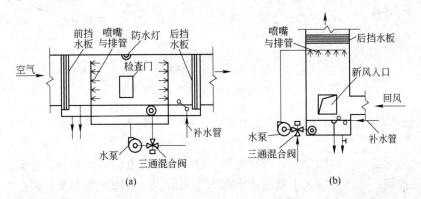

图 5-29　喷水室的构造
（a）卧式喷水室；（b）立式喷水室

喷水室应定期维护保养，主要包括：定期清洗喷水室的喷嘴与排管、回水过滤网和进水过滤器，清除水垢、残渣；定期检查池底中的自动补水装置，如阀针开关是否灵活，浮球阀是否好用等；每两年左右对底池清洗和刷底漆一次，以减少锈蚀等。

5.3.4.4　空调系统加湿、减湿处理设备

在空调工程中，除利用喷水室或表面式换热器对空气进行热湿处理外，为满足空调送风和空调室内特殊要求，还需对空气进行专门加湿或减湿处理。

A　空气加湿设备

（1）喷蒸汽加湿。把蒸汽直接喷入空气中对空气进行加湿的方法称为喷蒸汽加湿。常用的喷蒸汽加湿设备有干蒸汽加湿器、电热加湿器等。

1）干蒸汽加湿器。如图5-30a所示，为避免蒸汽喷管内产生凝结水，避免蒸汽接入管内的凝结水流入蒸汽喷管，在蒸汽喷管外设蒸汽保温套管。加湿蒸汽先经蒸汽喷管外的套管进入分离筒分离凝结水，然后再经调节阀孔进入干燥室，最后才到蒸汽喷管中去，以此保证喷出"干燥"的蒸汽。

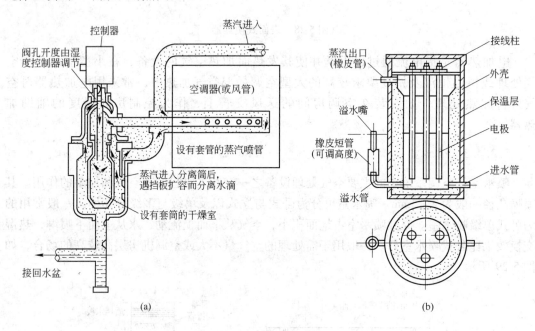

图5-30　空气加湿设备

(a) 干蒸汽加湿器；(b) 电极式加湿器

2）电热加湿器。电热加湿器利用电能产生蒸汽，并直接混入空气中。有电热式和电极式两种。

电热式加湿器是在水槽中放入管状电热元件，元件通电后将水加热产生蒸汽。补水靠浮球阀自动控制，其加湿量大小取决于水温和水表面积，适用于大中型空调。

电极式加湿器使电流直接从水中通过，通过对水加热汽化而实现加湿，其结构如图5-30b所示。电极式加湿器工作时，水相当于电阻，水容器中水位越高，导电面积就越大，则电阻越小，电流越强，发热量就越大。因此，可以通过调节溢水管内水位高低的方法来调节加湿器产生的蒸汽量，从而调节对空气的加湿量。当水位为零（无水）时，电流不通，加湿自动停止。

电热加湿器结构紧凑，且加湿量容易控制，但加湿量小，耗电量较大，因而多在小型

独立式空调系统（如各种立柜式空调机组）中采用。

（2）喷雾加湿。将常温的水喷成雾状直接进入空气中的加湿设备称为喷雾加湿设备。利用高速喷出的压缩空气引射出水滴，并使水滴雾化而进行加湿的方法称为压缩空气喷雾加湿。

B　空气减湿设备

空调系统中的减湿方法有加热通风法减湿、冷却除湿机减湿、吸湿剂减湿及表面冷却器减湿等。空气的减湿应优先考虑加热通风法除湿，否则，要采用一些强制减湿措施。目前较广泛采用的是用专门的冷却减湿机进行冷却减湿。

（1）加热通风法减湿。向空调房间送入热风或直接在空调房间进行加热来降低室内空气相对湿度的方法称为加热通风法减湿。实践证明，当室内的含湿量一定时，空气的温度每升高1℃，相对湿度约降低5%。但空气的等湿升温过程并不能减少含湿量，只能降低相对湿度，即不能真正地除湿。如果加热的同时又送以热风，则可把水分带出室外，这就能达到真正减湿的目的。这种方法的特点是方法简单，投资少，运行费用低，最大的缺点是相对湿度控制不严格。

（2）冷却除湿机减湿。利用制冷设备来除掉空气中水分的方法称为冷却除湿机减湿。冷却除湿机一般做成机组的形式，它由制冷压缩机、蒸发器、冷凝器、贮液器、过滤干燥器、电磁阀、膨胀阀和风机组成。图 5-31 所示为冷却除湿机的工作原理图。其中，蒸发器、制冷压缩机和冷凝器组成一套制冷系统。同时，在空气处理系统中，蒸发器又兼作空气冷却器，冷凝器又兼作空气加热器。

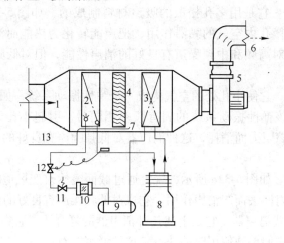

图 5-31　冷却除湿机的工作原理

1—外界空气进口；2—空气冷却器（蒸发器）；3—冷凝器；4—挡水板；5—风机；
6—干燥空气出口；7—集水盘；8—制冷压缩机；9—贮液器；10—过滤干燥器；
11—电磁阀；12—膨胀阀；13—泄水管

冷却除湿机的主要优点是除湿性能稳定可靠，管理方便，只要有电源的地方就可以使用，特别适用于需要除湿升温的地下建筑。它的缺点是初投资和运行费用高，噪声大。冷却除湿机宜在温度为 15~35℃，相对湿度为 50% 以上的条件下工作，不宜用在温度 4℃ 以下的场合。如果温度过低，蒸发器表面会结霜，影响传热，增大空气流通的阻力，除湿能力降低。

（3）吸湿剂减湿。吸湿剂减湿是指利用吸湿剂的作用，使空气中的水分被吸湿剂吸收或吸附的过程，有固体吸湿和液体吸湿之分。

常用的固体吸湿材料有硅胶、铝胶和活性炭等。由于固体吸湿剂在吸湿达到饱和后，将失去吸湿作用，因此采用固体吸湿方法时必须设置一套完整的吸湿及再生系统（通常利用干燥器使吸湿剂脱水再生），并要求吸湿和再生系统之间能自动转换。

常用的液体吸湿材料有氯化锂、三甘醇及氯化钙水溶液等。液体吸湿剂吸收水分后，溶液浓度降低，吸湿能力下降，因此，需对吸湿后的溶液加热浓缩，去除水分，提高浓度后继续使用。使用液体吸湿法时应采取防止盐类腐蚀设备的措施。

5.3.5　空调系统的消声设备

消声措施包括减少噪声的产生和在系统中设置消声器两个方面。

为了减少噪声的产生，可采取以下一些措施：选用低噪声、低速度的风机，并使其工作点尽量接近最高效率点；电动机与风机的传动方式最好用直接传动，如不能，则采用带式传动；适当降低风道中空气的流速，有一般消声要求的系统，主风道中流速不宜超过 8m/s，有严格消声要求的系统不宜超过 5m/s；将风机安在减振基础上，并且进出口与风道之间采用柔性连接；在空调机房内和风道中粘贴吸声材料，以及将风机安装在单独的小室内等。

消声器的构造形式很多，按消声的原理可分为如下几类：

（1）阻性消声器。它是用多孔松散的吸声材料制成的，如图 5-32a 所示。当声波传播时，由于吸声材料微孔内空气的黏滞作用，把声能转化为热能而消失，起到减少噪声的作用。这种消声器对高频和中频噪声有良好的消声性能，但对低频噪声的消声性能比较差。

（2）共振消声器。它使小孔处的空气构成一个弹性振动系统，如图 5-32b 所示。当外界噪声的振动频率与该弹性振动系统的固有频率相同时，引起小孔处的空气柱强烈的摩擦，声能由于克服摩擦阻力而消耗，这种消声器对低频噪声有良好的消声性能，但频率范围很窄。

（3）抗性消声器。如图 5-32c 所示，气流通过截面突然改变风道时，将使沿风道传播的声波向声源方向反射回去而起消声作用。它也对低频噪声有良好的消声性能。

（4）宽频带复合式消声器。它是上述几种消声器的复合体。它集中了所有消声器的性能特点，而且弥补了它们单独使用时的缺点。这种消声器对于高、中、低频噪声都有良好的消声性能。

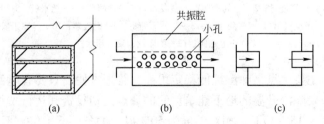

图 5-32　消声器的构造示意图

（a）阻性消声器；（b）共振消声器；（c）抗性消声器

5.3.6　空调系统的减振设备

为了降低空调系统运转设备，如风机、水泵产生的振动，应设置减振器进行减振。通常用柔性连接来代替设备与基础或设备与管道之间的刚性连接。如在设备和基础之间采用减振器，设备与管道之间采用帆布短管或橡胶软接头。

（1）弹簧减振器。图 5-33 所示为弹簧减振器的结构示意图。它是由金属弹簧、底盘、橡胶垫板和外罩组成。弹簧可有一只或数只。减振器配有地脚螺栓，可固定于支承结构上。这种减振器的减振效果好，但加工复杂，造价较高。

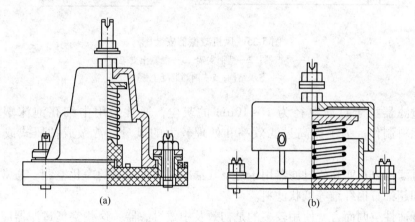

图 5-33　弹簧减振器的结构示意图

（a）TJ-1-10；（b）TJ-1-14

（2）橡胶减振器。图 5-34 所示为 JG 型橡胶减振器的构造图。它是由丁腈橡胶经硫化处理成圆锥体，粘结在内外金属环上，外部套有橡胶防护罩，减振器上设有孔口，以便用螺栓与设备基座相连。下部周边设有四个螺栓孔，用于减振器和基础相连。这种减振器对高频振动有很高的减振作用。但它易于受温度、油质、氟利昂和氨液的浸蚀，并且易于老化，需定期检查和更换。图 5-35 所示为风机减振器安装图。为减弱风机运转时产生的振动，可将风机固定于型钢支架上或钢筋混凝土上。前者风机本

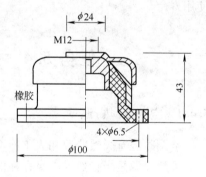

图 5-34　JG 型橡胶减振器

身振幅较大，机身不够稳定，后者可以克服这个缺点，但施工较为麻烦。

5.3.7　空气过滤器

空气过滤器是用来对空气进行净化处理的设备，根据过滤效率的高低，通常分为初效过滤器、中效过滤器和高效过滤器三种类型。为了便于更换，一般做成块状。此外，为了提高过滤器的过滤效率和增大额定风量，可做成袋式或抽屉式。

初效过滤器又称为粗过滤器，主要用于空气的初级过滤，过滤粒径为 $10 \sim 100\mu m$ 的大颗粒灰尘。通常采用金属网格、聚氨酯泡沫塑料及各种人造纤维滤料制作。

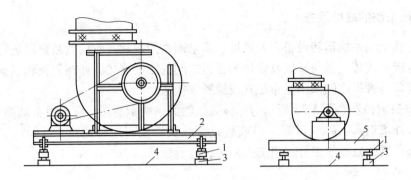

图 5-35 风机减振器安装图

1—减振器；2—型钢支架；3—混凝土支架；

4—支承结构；5—钢筋混凝土板

中效过滤器用于过滤粒径为 1 ~ 10μm 的灰尘，通常采用中细孔泡沫塑料、玻璃无纺布等滤料制作。为了提高过滤效率和处理较大的风量，常做成抽屉式或袋式等形式。

高效过滤器以及亚高效过滤器用于对空气洁净度要求较高的净化空调。通常采用超细玻璃纤维和超细石棉纤维等纸状滤料。

对于舒适性空调而言，使用较多的是初效及中效过滤器。这些空气过滤器应经常拆换清洗，以免因滤料上积尘太多而使房间的温度、湿度及室内空气洁净度达不到使用要求。一般每两周将过滤器取出并用清水漂洗或用压缩空气反吹，以减少过滤器的积尘，延长其使用寿命。

任务 5.4 空调冷(热)源及水系统

5.4.1 空调冷(热)源

空调冷源有天然冷源和人工冷源两种。

天然冷源是指自然界本身存在的温度较低的介质，主要有深井水和地道风等。深井水可作为舒适性空调冷源处理空气，但如果水量不足，则不能普遍采用；地道风是指地下洞穴、人防地道内的冷空气，将这些冷空气送入使用场所可以达到通风降温的目的。利用深井水及地道风的特点是节能、造价低，但由于受到各种条件的限制，所以具有一定的使用局限性。

人工冷源是指用各种形式的制冷设备制取的处理空气的低温冷水。人工制冷的优点是不受条件的限制，可满足所需要的任何空气环境，因而被用户普遍采用。其缺点是初投资较大，运行费较高。

空调热源主要有独立锅炉房和集中供热的热网。对于独立锅炉房提供的热媒主要有热水、蒸汽或者同时供应的热水和蒸汽。锅炉的燃料包括煤、油、气等。对于集中供热的热网提供的热媒可以是低温水 (t ≤ 100℃) 或高温水 (t > 100℃)。

5.4.2　空调制冷机组

制冷机组将制冷系统中的部分设备或全部设备配套组装在一起，成为一个整体。其结构紧凑，使用灵活，管理方便，而且占地面积小，安装简单。空调工程中常用的制冷机组有压缩式制冷机组、吸收式制冷机组、地源热泵机组等。

5.4.2.1　压缩式制冷机组

压缩式制冷机组利用"液体汽化时要吸收热量"这一物理特性，通过制冷剂（氨、氟利昂等）的热力循环来实现制冷。压缩式制冷的四大部件有压缩机、蒸发器、冷凝器、节流阀，其制冷流程如图 5-36 所示。压缩机在工作时吸入蒸发器内低压制冷剂蒸气，经压缩后变成高温高压状态。高温制冷剂蒸气继续向前流动在冷凝器内放热，变成高压液态，放出的热量可传给冷却水或冷却用空气。高压液态制冷剂在通过节流阀时节流膨胀，压力降低，温度下降。低温低压的液态制冷剂在蒸发器吸热汽化，重新变为气态，进入压缩机，如此往复循环。

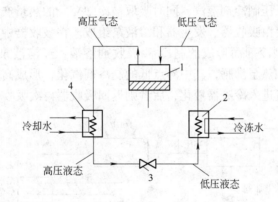

图 5-36　压缩式制冷系统工作原理图

1—制冷压缩机；2—蒸发器；3—节流膨胀阀；4—冷凝器

常用的制冷剂有氨和氟利昂（R11、R12、R22、R134a、R123）等。氨的单位容积制冷能力强，价格便宜，有强烈的特殊刺激气味，试漏检查比较容易，能溶解于水，是一种极好的环保型制冷剂，但氨制冷剂有毒，与空气混合达到一定比例时容易爆炸，因此它的使用一直受到限制。氟利昂毒性小，不燃烧，不爆炸，热工性能极好，是一种安全的制冷剂，但它对大气中的臭氧层有破坏作用，同时能产生温室效应，因此对其中影响较大的制冷剂（R11 和 R12）的使用已经实施限制。

压缩式制冷机组的种类很多，空调工程中常用的有离心式制冷机组、螺杆式制冷机组和活塞式制冷机组等。

（1）离心式制冷机组。离心式制冷机组通过叶轮离心力作用吸入气体并对气体进行压缩，容量大、体积小，可实现多级压缩（一般为单级），制冷效率高，部分负荷状态下运行性能较好，常用作大型、超大型建筑物的空调冷源。

（2）螺杆式制冷机组。螺杆式制冷机组通过转动的两个螺形转子相互啮合吸入和压缩气体。它可以利用滑阀调节汽缸的工作容积，实现部分负荷状态下运行，因此其部分负荷运行性能极好。广泛用作建筑物的空调冷源。

（3）活塞式制冷机组。活塞式制冷机组通过活塞的往复运动吸入和压缩气体。其制冷量小，部分负荷性能不佳，多用于小型空调系统和局部空调机组。

5.4.2.2　吸收式制冷机组

吸收式制冷机组以溴化锂溶液为工质，其中以水为制冷剂，溴化锂溶液为吸收剂。它利用溴化锂溶液在常温下（特别是在温度较低时）吸收水蒸气的能力很强，而在高温下又能将其释放出来的特性，以及利用制冷剂在低压下汽化要吸收周围介质的热量的特性来实现制冷目的。

吸收式制冷机组的工作原理如图 5-37 所示，它主要由发生器、冷凝器、蒸发器和吸收器四大主要部分组成。其工作过程由四个热交换设备组成两个循环环路：制冷剂循环与吸收剂循环。左半部是制冷剂循环，由冷凝器、蒸发器和节流装置组成。高压气态制冷剂在冷凝器中向冷却水放热被冷凝成液态后，经节流装置减压后进入蒸发器。在蒸发器内，制冷剂液体被汽化为低压制冷剂蒸汽，同时吸取被冷却介质的热量产生制冷效应。右半部分为吸收剂循环，主要由吸收器、发生器和溶液泵组成。在吸收器中，液态吸收剂吸收蒸发器产生的低压气态制冷剂而形成的制冷剂-吸收剂溶液，经溶液泵升压后进入发生器，在发生器中该溶液被加热至沸腾，其中沸点低的制冷剂汽化，形成高压气态制冷剂，又与吸收剂分离。然后前者进入冷凝器液化，后者则返回吸收器再次吸收低压气态制冷剂。

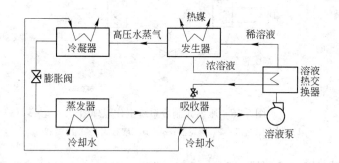

图 5-37　吸收式制冷机组的工作原理图

吸收式制冷机组按其结构可分为单筒、双筒、多级等几种形式。比较常用的双筒吸收式制冷机组是将发生器、冷凝器置于一个（上）筒体内，蒸发器、吸收器放在另一个（下）筒体内，以保证系统的严密性。

吸收式制冷机组出厂时是一个组装好的整体，溴化锂溶液管道、制冷剂及水蒸气管道、抽真空管道以及电气控制设备均已装好，现场施工时只连接机外的水蒸气管道、冷却水管道和冷冻水管道即可。

5.4.2.3　地源热泵机组

地源热泵机组是热泵系统的一种，是指利用大地（土壤、地层、地下水）作为热源的热泵。由于较深的地下水在未受干扰的情况下常年保持恒定的温度，远高于冬季的室外温度，又低于夏季的室外温度，因此地源热泵可克服空气源热泵的技术障碍，且效率大大提高。此外，冬季通过热泵把大地中的热量升高温度后对建筑供热，同时使大地中的温度降低，即蓄存了冷量，可供夏季使用；夏季通过热泵把建筑物中的热量传输给大地，使建筑物降温，同时在大地中蓄存热量以供冬季使用。可见，大地起到了蓄能器的作用，进一步提高了空调系统全年的能源利用效率。

深井回灌式地源热泵机组通过取水井将地下水抽出，通过二次换热或直接送至地源热泵机组，经提取热量或释放热量后，由回灌井灌回地下，其工作原理如图 5-38 所示。

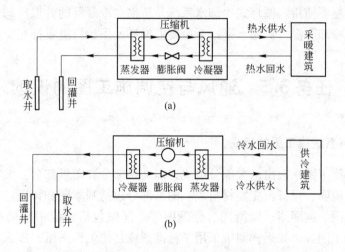

图 5-38　深井回灌式地源热泵机组的工作原理图
（a）冬季供暖时；（b）夏季制冷时

制热时，压缩机从取水井（夏季回灌井）提取出来的水经系统管道，进入压缩机内的蒸发器、膨胀阀、冷凝器进行换热，被冷凝器换热后的低温水被回灌到回灌井里，而经蒸发器换热后温度被升高的水被送往采暖建筑，使建筑内的温度升高到空调设计温度，从而达到采暖目的。

制冷时，由取水井提取出来的冷水经系统管道，进入压缩机内的冷凝器、膨胀阀、蒸发器进行换热，被冷凝器换热后的升温水被回灌到回灌井里，而经蒸发器换热后温度被降低的水被送往供冷建筑，使建筑内的温度降到空调设计温度，从而达到制冷的目的。

5.4.3　冷冻水系统

冷冻水系统负责将制冷装置制备的冷冻水输送到空气处理设备，一般可分为闭式系统和开式系统。

对于变流量调节系统，常采用闭式系统，其特点是和外界空气接触少，可减缓对管道的腐蚀，制冷装置采用管壳式蒸发器，常用于表面冷却器的冷却系统。而定流量调节系统常采用开式系统，其特点是需要设置冷水箱和回水箱，系统的水容量大，制冷装置采用水箱式蒸发器，用于喷淋室冷却系统。

为了保证闭式系统的水量平衡，在总送水管和总回水管之间设置有自动调节装置，一旦供水量减少而管道内压差增加，一部分冷水将直接流至总回水管内，保证制冷装置和水泵的正常运转。

5.4.4　冷却水系统

冷却水系统负责吸收制冷剂蒸气冷凝时放出的热量,并将热量释放到室外。它一般可分为直流式、混合式及循环式等三种形式。

直流式冷却水系统将自来水或井水、河水直接送入冷凝器,升温后的冷却水直接排出,不再重复使用。混合式冷却水系统是将通过冷凝器的一部分冷却水与深井水混合,再用水泵压送至冷凝器使用。循环式冷却水系统是将来自冷凝器的升温冷却水先送入蒸发式冷却装置,使其冷却降温,再用水泵送至冷凝器循环使用,只需要补充少量的水。

任务 5.5　通风与空调施工图的识读

5.5.1　通风空调系统施工图的组成

通风与空调施工图一般由两大部分组成,即文字部分和图纸部分。文字部分包括图纸目录、设计施工说明、设备及主要材料表。图纸部分包括基本图和详图。基本图包括通风空调系统的平面图、剖面图、轴测图、原理图等。详图包括系统中某局部或部件的放大图、加工图、施工图等。如果详图中采用了标准图或其他工程图纸,那么在图纸目录中必须附有说明。

5.5.1.1　文字部分

(1) 图纸目录。包括在工程中使用的标准图纸或其他工程图纸目录和该工程的设计图纸目录。在图纸目录中必须完整地列出该工程设计图纸的名称、图号、工程号、图幅大小、备注等。其作用是核对图纸数量,便于识图时查找。

(2) 设计施工说明。设计施工说明包括需要通风空调系统的建筑概况,采用的气象数据、空调通风系统的划分及具体施工要求等;有时还附有风机、水泵、空调箱等设备的明细表;在设计施工时应严格依据的施工规范、规定。

(3) 设备及主要材料表。设备与主要材料的型号、数量一般在"设备与主要材料表"中给出。

5.5.1.2　图纸部分

(1) 平面图。平面图包括建筑物各层面各空调通风系统的平面图、空调机房平面图、制冷机房平面图等。

1) 通风空调系统平面图。通风空调系统平面图主要说明通风空调系统的设备、系统风道、冷热媒管道、凝结水管道的平面布置。它的内容主要包括:

①风管系统;

②水管系统;

③空气处理设备;

④尺寸标注。

此外，对于引用标准图集的图纸，还应注明所用的通用图、标准图索引号。对于恒温恒湿房间，应注明房间各参数的基准值和精度要求。

2）空调机房平面图。空调机房平面图一般包括以下内容：

①空气处理设备。注明按标准图集或产品样本要求所采用的空调器组合段代号，空调箱内风机、加热器、表冷器、加湿器等设备的型号、数量，以及该设备的定位尺寸。

②风管系统。用双线表示，包括与空调箱相连接的送风管、回风管、新风管。

③水管系统。用单线表示，包括与空调箱相连接的冷、热媒管道及凝结水管道。

④尺寸标注。标注各管道、设备、部件的尺寸和定位尺寸。

3）冷冻机房平面图。冷冻机房与空调机房是两个不同的概念，冷冻机房内的主要设备为空调机房内的主要设备——空调箱提供冷媒或热媒。也就是说，与空调箱相连接的冷、热媒管道内的液体来自于冷冻机房，而且最终又回到冷冻机房。因此，冷冻机房平面图的内容主要有制冷机组的型号与台数、冷冻水泵和冷凝水泵的型号与台数、冷（热）媒管道的布置以及各设备、管道和管道上的配件（如过滤器、阀门等）的尺寸大小和定位尺寸。

（2）剖面图。剖面图总是与平面图相对应的，用来说明平面图上无法表明的情况。因此，与平面图相对应的空调通风施工图中，剖面图主要有空调通风系统剖面图、空调通风机房剖面图和冷冻机房剖面图等。至于剖面和位置，在平面图上都有说明。剖面图上的内容与平面图上的内容是一致的，有所区别的一点是：剖面图上还标注有设备、管道及配件的高度。

（3）系统图。系统图（轴测图）采用的是三维坐标反映通风空调系统中设备、配件的型号、尺寸、定位尺寸、数量以及连接于各设备之间的管道在空间的曲折、交叉、走向和尺寸、定位尺寸等。系统图上还应注明该系统的编号。系统图可以用单线绘制，也可以用双线绘制。

（4）原理图。原理图一般为空调原理图，它主要包括以下内容：系统的原理和流程；空调房间的设计参数、冷热源、空气处理和输送方式；控制系统之间的相互关系；系统中的管道、设备、仪表、部件；整个系统控制点与测点间的联系；控制方案及控制点参数；用图例表示的仪表、控制元件型号等。

（5）详图。空调通风工程图所需要的详图较多。总的来说，有设备、管道的安装详图，设备、管道的加工详图，设备、部件的结构详图等。部分详图有标准图可供选用。

在阅读这些图纸时，还需注意以下几点：

（1）空调通风平、剖面图中的建筑布置与相应的建筑平、剖面图是一致的，空调通风平面图是在本层天棚以下按俯视图绘制的。

（2）空调通风平、剖面图中的建筑轮廓线只是与空调通风系统有关的部分（包括有关的门、窗、梁、柱、平台等建筑构配件的轮廓线），同时还有各定位轴线编号、间距以及房间名称。

（3）空调通风系统的平、剖面图和系统图可以按建筑分层绘制，或按系统分系统绘制，必要时对同一系统可以分段进行绘制。

5.5.2　通风空调系统施工图的一般规定

通风空调系统施工图应符合《工程制图标准》和《暖通空调制图标准》的有关规定。

（1）比例规定。通风空调系统施工图的比例，按照表 5-1 选用。

表 5-1　通风空调系统施工图常用比例

名　称	比　例
总平面图	1：500、1：1000、1：2000
剖面图等基本图	1：50、1：100、1：150、1：200
大样图、详图	1：1、1：2、1：5、1：10、1：20、1：50
工程流程图、系统原理图	无比例

（2）风管标注规定。风管规格用管径或断面尺寸表示。圆形风管规格用其外径表示，如 $\phi 360$，表示直径为 360mm 的圆形风管。矩形风管规格用断面尺寸长 × 宽表示，如 $200 \text{mm} \times 100 \text{mm}$，表示长 200mm、宽 100mm 的矩形风管。

（3）图例规定。通风空调施工图上的图形不能反映实物的具体形象与结构，它采用了国家规定的统一图例符号来表示，这是通风空调施工图的一个特点，也是对阅读者的一个要求：阅读前，应首先了解并掌握与图纸有关的图例符号所代表的含义。通风空调施工图常用图例见表 5-2。

表 5-2　通风空调施工图常用图例

序号	名　称	图　例	附　注
1	砌筑风、烟道		其余均为
2	带导流片弯头		
3	消声器、消声器弯头		也可表示为
4	插板阀		
5	天圆地方		左接矩形风管，右接圆形风管

续表 5-2

序号	名　称	图　例	附　注
6	蝶阀		
7	对开多叶调节阀		左为手动，右为电动
8	风管止回阀		
9	三通调节阀		
10	防火阀	70℃	表示 70℃ 动作的防火阀
11	排烟阀	280℃　280℃	左为 280℃ 动作的常闭阀，右为常开阀
12	软接头		也可表示为
13	软　管	或光滑曲线（中粗）	
14	风口（通用）	□或○	
15	气流方向		左为通用表示法，中为送风，右表示回风
16	百叶窗		
17	散流器		左为矩形散流器，右为圆形散流器。散流器可见时，虚线改为实线
18	检查孔 测量孔		

续表 5-2

序号	名　称	图　例	附　注
19	轴流风机	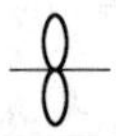 ⊖ 或 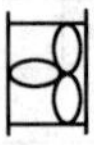 ⬬	
20	离心式风机		左为左式风机，右为右室风机
21	空气加热、冷却器		左、中分别为单加热，单冷却，右为双功能换热装置
22	过滤器	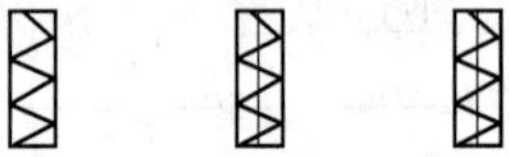	左为初效，中为中效，右为高效
23	电加热器	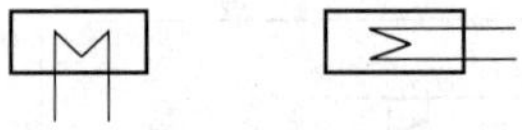	
24	窗式空调器	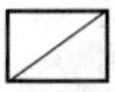	
25	分体式空调器	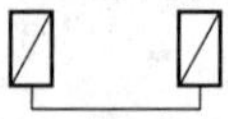	
26	风机盘管	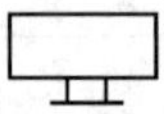	

5.5.3 通风空调系统施工图的特点

（1）风、水系统环路的独立性。在空调通风施工图中，风管系统与水管系统（包括冷冻水、冷却水系统）按照它们的实际情况出现在同一张平、剖面图中，但是在实际运行中，风系统与水系统具有相对独立性。因此，在阅读施工图时，首先将风系统与水系统分开阅读，然后再综合起来。

（2）风、水系统环路的完整性。空调通风系统，无论是水管系统还是风管系统，都可以称之为环路，这就说明风、水管系统总是有一定来源，并按一定方向，通过干管、支管，最后与具体设备相接，多数情况下又将回到它们的来源处，形成一个完整的系统。图

5-39 所示为冷媒管道系统环路图。

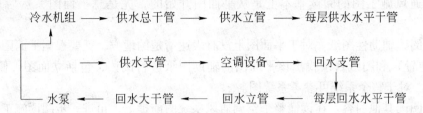

图 5-39　冷媒管道系统环路图

可见，系统形成了一个循环往复的完整的环路。阅读时可以从冷水机组开始阅读，也可以从空调设备处开始，直至经过完整的环路又回到起点。

对于风管系统同样可以写出这样的环路，如图 5-40 所示。

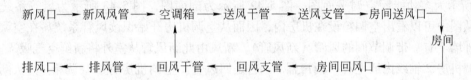

图 5-40　风管系统图

对于风管系统，可以从空调箱处开始阅读，逆风流动方向看到新风口，顺风流动方向看到房间，再至回风干管、空调箱，再看回风干管到排风管、排风门这一支路。也可以从房间处看起，研究风的来源与去向。

（3）空调通风系统的复杂性。空调通风系统中的主要设备，如冷水机组、空调箱等，其安装位置由土建决定，这使得风管系统与水管系统在空间的走向往往是纵横交错，在平面图上很难表示清楚，因此，空调通风系统的施工图中除了大量的平面图、立面图外，还包括许多剖面图与系统图，它们对读懂图纸有重要帮助。

（4）与土建施工配合的密切性。空调通风系统中的设备、风管、水管及许多配件的安装都需要土建的建筑结构来容纳与支撑，因此，在阅读空调通风施工图时，要查看有关图纸，密切与土建配合，并及时对土建施工提出要求。

5.5.4　通风空调系统施工图识读方法、步骤及举例

5.5.4.1　空调通风施工图的识图方法与步骤

（1）阅读图纸目录。根据图纸目录了解该工程图纸的概况，包括图纸张数、图幅大小及名称、编号等信息。

（2）阅读施工说明。根据施工说明了解该工程概况，包括空调系统的形式、划分及主要设备布置等信息。在此基础上，确定哪些图纸代表着该工程的特点或属于工程中的重要部分，图纸的阅读就从这些重要图纸开始。

（3）阅读有代表性的图纸。在确定了代表该工程特点的图纸后，就可根据图纸目录，确定这些图纸的编号，并找出这些图纸进行阅读。在空调通风施工图中，有代表

性的图纸基本上都是反映空调系统布置、空调机房布置、冷冻机房布置的平面图，因此，空调通风施工图的阅读基本上是从平面图开始的，先是总平面图，然后是其他的平面图。

（4）阅读辅助性图纸。对于平面图上没有表达清楚的地方，就要根据平面图上的提示（如剖面位置）和图纸目录找出该平面图的辅助图纸进行阅读，包括立面图、侧立面图、剖面图等。对于整个系统可参考系统图。

（5）阅读其他内容。在读懂整个空调通风系统的前提下，再进一步阅读施工说明与设备及主要材料表，了解空调通风系统的详细安装情况，同时参考加工、安装详图，从而完全掌握图纸的全部内容。

5.5.4.2　识图举例

下面以某大厦多功能厅的空调系统为例，说明识读通风空调施工图的方法和步骤。图5-41 所示为多功能厅空调平面图，图 5-42 所示为剖面图，图 5-43 所示为风管系统轴测图。从图中可以看出空调箱设在机房内，因而从空调机房开始识读风管系统。在空调机房ⓒ轴外墙上有一带调节阀的风管（新风管），新风由此新风管从室外将新鲜空气吸入室内。在空调机房②轴线内墙上有一消声器 4，这是回风管。空调机房有一空调箱 1，从剖面图5-42 中可以看出在空调箱侧下部有一接短管的进风口，新风与回风在空调房混合后，被空调箱由此进风口吸入，经冷热处理后，由空调箱顶部的出风口送至送风干管。送风首先经过防火阀和消声器，继续向前，管径变为 800mm×500mm，又分出第二个分支管，继续前行，流向管径为 800mm×250mm 的分支管，每个送风直管上都有方形散流器（送风口），

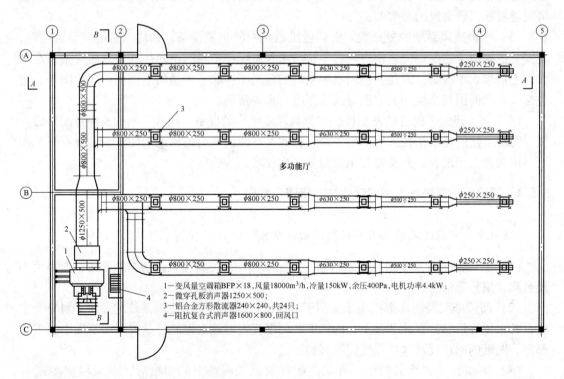

1—变风量空调箱 BFP×18，风量 18000m³/h，冷量 150kW，余压 400Pa，电机功率 4.4kW；
2—微穿孔板消声器 1250×500；
3—铝合金方形散流器 240×240，共 24 只；
4—阻抗复合式消声器 1600×800，回风口

图 5-41　多功能厅空调平面图

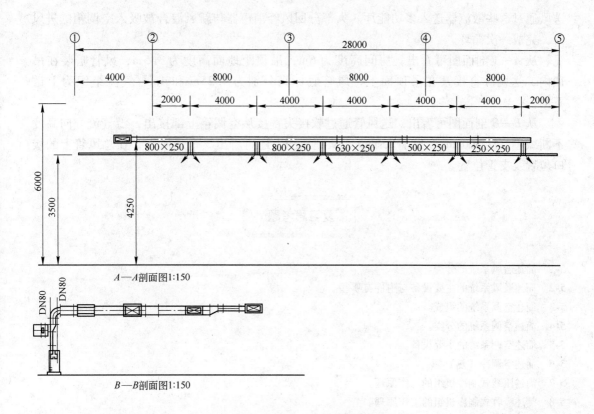

图 5-42　多功能厅空调剖面图

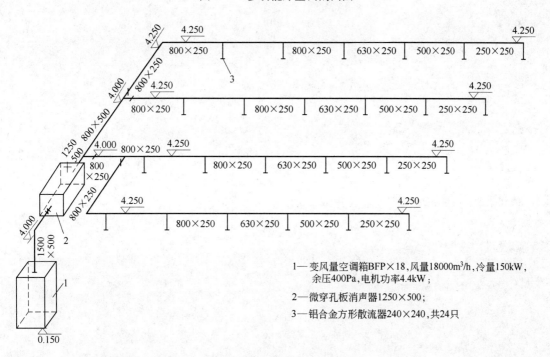

1—变风量空调箱BFP×18,风量18000m³/h,冷量150kW,
　　余压400Pa,电机功率4.4kW;

2—微穿孔板消声器1250×500;

3—铝合金方形散流器240×240,共24只

图 5-43　多功能厅空调风管系统轴测图（1∶150）

送风通过这些散流器送入多功能厅。大部分回风经消声器与新风混合被吸入空调箱的进风口，完成一次循环。

从 A—A 剖面图可看出，房间高度为 6m，吊顶距地面高度为 3.5m，风管暗装在吊顶内，送风口直接开在吊顶面上，风管底标高分别为 4.25m 和 4m，气流组织为上送下回。

从 B—B 剖面图可看出，送风管通过软接头直接从空调箱上部接出，沿气流方向高度不断减小，从 500mm 变成了 250mm。从剖面图上还可看出 3 个送风支管在总风管上的接口位置及支管位置。

复习思考题

5-1　简述通风系统的分类。

5-2　简述通风系统的主要设备与附件有哪些。

5-3　简述空调系统的组成。

5-4　简述空调系统的分类。

5-5　简述空调系统的主要设备。

5-6　简述空调冷（热）源。

5-7　简述压缩式制冷机组的工作原理。

5-8　简述吸收式制冷机组的工作原理。

项目6 建筑电气

任务6.1 建筑供配电

6.1.1 电力系统

由发电厂、电力网以及用电单位（简称用户）所组成的一个具有发电、输电、变电、配电和用电的整体称为电力系统，又称为供配电系统。

（1）发电厂。发电是将自然界中蕴藏的各种一次能源转换为电能的过程。生产电能的工厂称为发电厂。根据利用的一次能源不同，发电厂可分为火力发电厂、水力发电厂、核电站、风力发电厂、太阳能发电厂等类型。目前，我国主要以火力发电和水力发电为主，发电厂的发电机组发出的电压一般为 6.3kV 或 10.5kV。一般情况下，各类发电厂是并网同时发电的，以保证电力网稳定可靠地向用户供电，同时也便于调节电能的供求关系。

（2）电力网。输配电线路和变电所是连接发电厂和用户的中间环节，是供配电系统的一部分，称为电力网。它包括升压变电站、高压输电线路、降压变电站和低压配电线路。电力网常分为输电网和配电网两类，由 35kV 及以上的输电线路及其变电站组成的网络称为输电网，其作用是把电力输送到各个地区或直接送给大型用户。配电网是由 10kV 及以下配电线路和配电变压器所组成的，它的作用是把电能分配给各类用户。在供配电系统中，直接供电给用户的线路称为配电线路。低压配电线路常用的电压为 380/220V，其电压由配电变压器提供。高压配电线路常用的电压为 6kV 或 10kV。

（3）用户。所有的用电单位都称为用户。如果引入用电单位的电源为 1kV 以下的低压电源，这类用户称为低压用户；如果引入用电单位的电源为 1kV 以上的高压电源，这类用户称为高压用户。

6.1.2 用电负荷等级

用电负荷是建筑物内动力用电与照明用电的统称，它是进行供配电系统设计的主要依据。根据电力负荷的性质和停电将造成的损失程度，将电力负荷分为三级。

（1）一级负荷。

1）中断供电将造成人身伤亡。

2）中断供电将造成重大的政治影响。

3）中断供电将造成重大经济损失。

4）中断供电将造成公共场所的秩序严重混乱。

例如，交通枢纽建筑，国家级承担重大国事活动的会堂、宾馆，经常用于重要国际活动且有大量人员集中的公共场所等。一级负荷应由两个电源供电，一用一备，当一个电源发生故障时，另一个电源应不致同时受到损坏。一级负荷中的特别重要负荷，除上述两个电源外，还必须增设应急电源。为保证对特别重要负荷的供电，禁止将其他负荷接入应急供电系统。

常用的应急电源有：独立于正常电源的发电机组、供电网络中有效独立于正常电源的专门馈电线路、蓄电池。

（2）二级负荷。

1）中断供电将造成较大政治影响。

2）中断供电将造成较大经济损失。

3）中断供电将造成公共场所秩序混乱。

例如，省部级的办公楼、甲等电影院、市级体育场馆、高层普通住宅、高层宿舍等建筑的照明负荷。对于二级负荷，要求采用两个电源供电，一用一备，两个电源应做到当发生电力变压器故障或线路常见故障时不致中断供电（或中断供电后能迅速恢复）。在负荷较小或地区供电条件困难时，二级负荷可由一路6kV及以上的专用架空线供电。

（3）三级负荷。不属于一级负荷和二级负荷的一般电力负荷，均属于三级负荷。三级负荷对供电电源无要求，一般为一路电源供电即可，但在可能的情况下，也应提高其供电可靠性。

6.1.3　建筑供配电系统

建筑供配电系统主要由变电所、配电设备及配电线路组成。

（1）建筑供配电系统的总电源选择。建筑供配电系统的总电源选择何种电压等级，亦即是否需要设置变电所，应从建筑物总用电容量、用电设备的特性、供电距离、供电线路的回路数、用电单位的远景规划、当地公共电网的现状和它的发展规划以及经济合理等因素综合考虑决定。一般来说，当用电设备总容量在250kW或需用变压器容量在160kVA以上时，应以高压方式供电；当用电设备容量在250kW或需用变压器容量在160kVA以下时，应以低压方式供电，特殊情况也可以高压方式供电。

（2）建筑供配电系统的配电形式。建筑配电系统分为高压配电系统和低压配电系统，其配电形式相同。常用的配电形式主要有以下几种：

1）放射式。放射式配电是指从前级配电箱分出若干条线路，每条线路连接一个后级配电箱（或一台用电设备）。由于后级配电箱与前级配电箱连接的线路是相互独立的，故后级配电箱之间互不影响。放射式配电具有供电可靠、所需材料多、不易更改等特点，适用于用电负荷容量大且集中、线路较短的场所，如图6-1a所示。

2）树干式。树干式配电是指从前级配电箱引出一条供电干线，在供电干线的不同地方分出支路，连接到后级配电箱或用电设备。树干式配电具有节省材料、线路简单灵活的优点，但供电干线发生故障时影响面较大，即供电可靠性较差，故适用于负荷较分散且单个负荷容量不大、线路较长的场所，如图6-1b所示。

3）混合式。实际的建筑供配电系统，多为放射式和树干式的综合应用，称之为混合式配电，如图6-1c所示。

实际工程中确定配电方式时，应按照供电可靠、用电安全、配电层次分明、线路简单、便于维护、工程造价合理等原则进行。

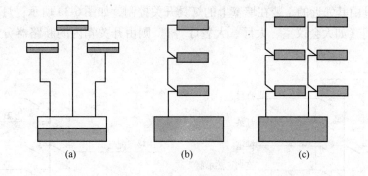

图 6-1　配电形式

（a）放射式配电；（b）树干式配电；（c）混合式配电

（3）配电级数要求。从建筑物低压电源引入处的总配电装置（第一级配电点）开始，至最末端分配电盘为止，配电级数一般不宜多于三级，每一级配电线路的长度不宜大于30m。如果从变电所的低压配电装置算起，则配电级数一般不宜多于四级，总配电长度一般不宜超过200m，每路干线的负荷计算电流不宜大于200A。

6.1.4　建筑照明配电系统

建筑照明配电系统通常按照"三级配电"的方式进行，由照明总配电箱、楼层配电箱、房间开关箱及配电线路组成。

6.1.4.1　照明总配电箱

照明总配电箱把引入建筑物的三相总电源分配至各楼层的配电箱。当每层的用电负荷较大时，采用放射式方法对该层配电；当每层的用电负荷不大时，采用混合式方法对该层配电。总配电箱内的进线及出线应装设具有短路保护和过载保护功能的断路器。

楼层配电箱把三相电源分为单相，分配至该层的各房间开关箱以及楼梯、走廊等公共场所的照明电器进行供电。当房间的用电负荷较大时（如大会议室、大厅、大餐厅等），则由楼层配电箱分出三相支路给该房间的开关箱，再由开关箱分出单相线路给房间内的照明电器供电。楼层配电箱内的进线及出线也应装设断路器进行保护，如图 6-2 所示。

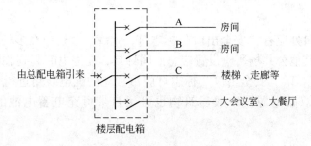

图 6-2　楼层配电箱配电示意图

房间开关箱分出插座支线、照明支线以及专用支线（如空调器、电热水器等）给相应电器供电。插座支线应在开关箱内装设断路器及漏电保护器，其他支线应装设断路器。一般房间内的照明灯具由其邻近的、装在墙壁上的灯具开关控制，如图 6-3a 所示；灯数较多且同时开、关的大房间（如大会议室、大厅、大餐厅等），则由开关箱内的断路器分组控制，如图 6-3b 所示。

图 6-3　房间开关箱配电示意图
(a) 小房间配电；(b) 大房间配电

房间开关箱、楼层配电箱、总配电箱一般明装或暗装在墙壁上，配电箱底边距地1.5~1.8m。体积较大且较重的配电箱则落地安装。安装在配电箱内的断路器，其额定电流应大于所控制线路的正常工作电流；漏电保护器的漏电动作电流一般为 30mA，潮湿场所为 15mA。

6.1.4.2　照明配电线路

引入建筑物的照明总电源一般用 VV 型电缆埋地引入或用 BVV 型绝缘导线沿墙架空引入。

由总配电箱至楼层配电箱的照明干线一般用 VV 型电缆或 BV 型绝缘导线，穿钢管或穿 PVC 管沿墙明敷设或暗敷设，或敷设在电气竖井内。

由楼层配电箱至房间开关箱的线路一般用 BV 型绝缘导线使用塑料线槽沿墙明敷设或穿管暗敷设。所用绝缘导线的允许载流量应大于该线路的实际工作电流。

房间内照明线路一般用 BV 型绝缘导线使用塑料线槽沿墙明敷设或穿管暗敷设，空调、电热水器等专用插座线路的导线截面可选用 $4mm^2$，灯具及一般插座线路的导线截面一般选用 $2.5mm^2$。

6.1.4.3　特殊照明

通向楼梯的出口处应有"安全出口"标志灯，走廊、通道应在多处地方设置疏散指示灯。楼梯、走廊及其他公共场所应设置应急照明灯具，在停电时起到临时照明的作用。应急照明灯、疏散指示灯、"安全出口"标志灯应由独立的配电线路进行供电，供电电源应为不会同时停电的双路电源。一般建筑物也可用自带可充电蓄电池的灯具作为应急照明灯。

6.1.5　低压配电线路

6.1.5.1　架空线路

架空线路主要由导线、电杆、横担、绝缘子和线路金具等组成，如图 6-4 所示。其优点是设备材料简单，成本低；容易发现故障，维护方便；缺点是易受外界环境的影响，供电可靠性较差；影响环境的整洁美观等。

导线的主要任务是输送电能。主要分为绝缘线和裸线两类，市区或居民区尽量采用绝缘线。绝缘线又分为铜芯和铝芯两种。

电杆的主要作用是支撑导线，同时保持导线的间距和对地的距离。电杆按材质分为木杆、水泥杆和铁塔三种；电杆按其功能分为直线杆、转角杆、终端杆、跨越杆、耐张杆、分支杆等。

横担主要用来安装绝缘子以固定导线。从材料来分，有木横担、铁横担和瓷横担。低压架空线路常用镀锌角铁横担。横担固定在电杆的顶部，距顶部一般为300mm。

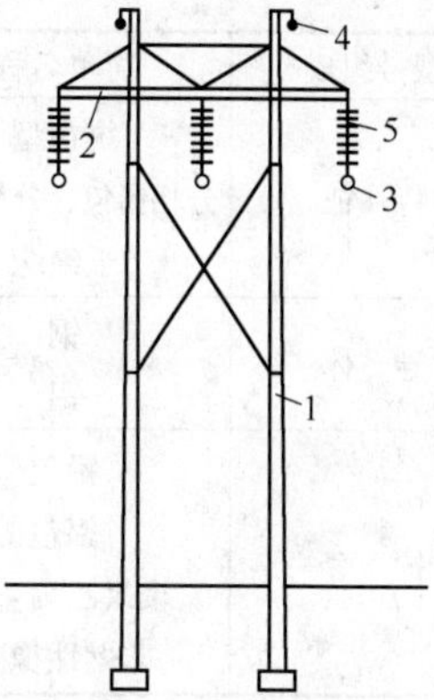

图 6-4　架空线路的结构
1—电杆；2—横担；3—导线；
4—避雷线；5—绝缘子

绝缘子的主要作用是固定在横担上，以使导线之间、导线与横担之间保持绝缘，同时也承受导线的垂直荷载的水平拉力。低压架空线路的绝缘子主要有针式和蝶式两种。

金具是架空线路上所使用的各种金属部件的统称，其作用是连接导线、组装绝缘子、安装横担和拉线等，即主要起连接或紧固作用。常用的金具有固定横担的抱箍和螺栓、用来连接导线的接线管、固定导线的线夹以及作拉线用的金具等。为了防止金具锈蚀，一般都采用镀锌铁件或铝制零件。

6.1.5.2　电缆线路

电缆线路的优点是不受外界环境影响，供电可靠性高，不占用土地，有利于环境美观；缺点是材料和安装成本高。在低压配电线路中广泛采用电缆线路。

电缆主要由线芯、绝缘层、外护套三部分组成。根据电缆的用途不同，可分为电力电缆、控制电缆、通信电缆等；按电压不同，可分为低压电缆、高压电缆两种。电缆的型号中包含其用途类别、绝缘材料、导体材料、保护层等信息，具体型号含义见表6-1。目前在低压配电系统中常用的电力电缆有 YJV（交联聚乙烯绝缘、聚氯乙烯护套电力电缆）和VV（聚氯乙烯绝缘、聚氯乙烯护套电力电缆）两种，一般优先选择前者。

电缆敷设有直埋、电缆沟、排管、架空等方式，直埋电缆必须采用有铠装保护的电缆，埋设深度不小于0.7m；电缆敷设应选择路径最短、转弯最少、少受外界因素影响的路线。地面上在电缆拐弯处或进建筑物处要埋设标志桩，以备日后施工维护时参考。

表 6-1　电力电缆型号含义

型号组成	简单名称	代　号	型号组成	简单名称	代　号
绝缘层	纸绝缘	Z	特　征	不滴流	D
	橡皮绝缘	X		充　油	CY
	聚氯乙烯绝缘	V		滤尘器用	C
	聚乙烯绝缘	Y			
	交联聚乙烯绝缘	YJ			

型号组成	简单名称	代　号	型号组成		简单名称	代　号
特　征	统包型	不表示	外护层	防腐	一级	1
	分相铅包、分相护套	F			二级	2
	干绝缘	P		麻包及铠装	麻包	1
导　体	铜	不表示			钢带铠装麻包	2
	铝	L			细钢丝铠装麻包	3
护　套	铅包	Q			相应裸外护层	5
	铝包	L			相应内铠装外护层	0
	聚氯乙烯护套	V			聚氯乙烯护套	9
	非燃性橡套	HF			聚乙烯护套	02

6.1.6　低压配电系统保护装置

低压电气设备通常是指电压在 1000V 以下的电气设备，为保证配电系统的正常运行，在配电线路中一般装设有短路保护、过负荷保护、接地故障保护和中性线保护等保护措施。常用保护装置有刀开关、熔断器、自动空气开关、漏电保护器等。

6.1.6.1　刀开关

刀开关是一种简单的手动操作电器，用于非频繁接通和切断容量不大的低压供电线路，并兼作电源隔离开关。刀开关不能带负荷操作，主要安装在自动空气开关和熔断器等设备前。刀开关的型号一般以字母 H 打头，种类、规格繁多，并有多种衍生产品。按工作原理和结构，刀开关可分为低压刀开关、胶盖闸刀开关、刀形转换开关、铁壳开关、熔断式刀开关、组合开关等。

刀开关一般用于切断交流 380V 及以下的额定负载。低压刀开关的最大特点是有一个刀形动触头，其基本组成部分是闸刀（动触头）、刀座（静触头）和底板。低压刀开关按操作方式分为单投和双投开关；按极数分为单极、双极和三极开关；按灭弧结构分为带灭弧罩的和不带灭弧罩的等。低压刀开关常用于不频繁地接通和切断交流和直流电路，刀开关装有灭弧罩时可以切断负荷电流。常用型号有 HD 和 HS 系列。

胶盖闸刀开关是普遍使用的一种刀开关，又称开启式负荷开关。其闸刀装在瓷质底板上，每相附有保险丝、接线柱，用胶木罩壳盖住闸刀，以防止切断电源时电弧烧伤操作者。胶盖闸刀开关价格便宜，使用方便，在建筑中广泛使用。三相胶盖闸刀开关在小电流配电系统中用来接通和切断电路，也可用于小容量三相异步电动机的全压启动操作，单相双极刀开关用在照明电路或其他单相电路上，由熔丝提供短路保护。胶盖闸刀开关的结构如图 6-5

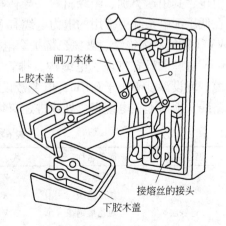

闸刀本体
上胶木盖
接熔丝的接头
下胶木盖

图 6-5　HK1 型胶盖闸刀开关的结构示意图

所示。常用的胶盖闸刀开关有 HK1、HK2 两种型号。

刀开关的型号含义如图 6-6 所示。

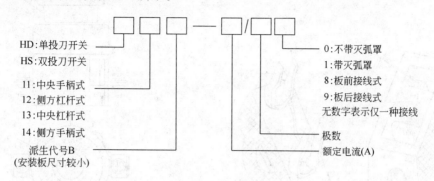

HD：单投刀开关
HS：双投刀开关

11：中央手柄式
12：侧方杠杆式
13：中央杠杆式
14：侧方手柄式

派生代号B
（安装板尺寸较小）

0：不带灭弧罩
1：带灭弧罩
8：板前接线式
9：板后接线式
无数字表示仅一种接线

极数
额定电流(A)

图 6-6　刀开关的型号含义

6.1.6.2　熔断器

熔断器是一种结构简单、制造容易的保护电器，在配电网络中用它来保护配电线路和配电设备，即当网络发生过载或短路故障时，熔断器能单独地自动断开电路，从而达到保护电气设备的目的。

在电力工业中，很早就使用熔断器作为高、低压配电线路和电气设备的保护。由于熔断器的安装和维护简单，体积小，价格低廉，断流能力较大，并且有些特殊结构的熔断器还具有切断时间短和限流效应大等优点，所以至今在保护性能要求不高的地方仍广泛被用来作为过载和短路保护的电器。

熔断器能自动断开的工作原理是：将熔点较低的金属丝（片），即称为熔体的导体，串联在被保护的电路中，当电路或电路中的设备发生过载或短路故障时，熔体被灼热而熔化，从而切断电路。熔体在切断电路的过程中，往往产生强烈的电弧，同时使灼热的金属蒸气向四周喷溅和发出爆炸声。为了安全和有效地熄灭电弧，将金属丝（片）装在一个封闭的盒子或管子内组成一个整体。

熔断器的工作过程大致为：熔断器的熔体因过载或短路加热到熔化温度；熔体开始熔化和汽化；间隙的击穿并产生电弧；电弧熄灭，电路被断开。熔断器的动作时间即上述过程所用时间的总和。显然，熔断器的断流能力决定了熄灭电弧能力的大小。

熔断器由熔体和安装熔体用的绝缘器组成。常用型号有"RC"插入式熔断器、"RL"螺旋式熔断器、"RM"封闭管式熔断器及"RT"填料管式熔断器等。图 6-7 和图 6-8 是常用的两种熔断器的外形示意图。插入式灭弧能力差，只适用于故障电流较小的线路末端。其他几种类型的熔断器均有灭弧措施，分断电流能力比较强，封闭管式结构简单，螺旋式更换熔体比较安全，填料管式的断流能力更强。

6.1.6.3　自动空气开关

自动空气开关又称为自动开关或自动空气断路器，简称断路器。它具有良好的灭弧性能，能带负荷通断电路，可以用于电路的不频繁操作，同时它又能提供短路、过负荷和失

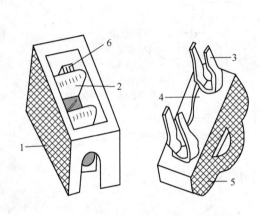
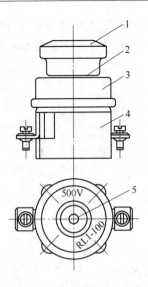

图 6-7　RC1A 型插入式熔断器的外形图
1—瓷底座；2—编织石棉带；3—动触头；
4—熔体；5—瓷盖；6—静触头

图 6-8　RL1-100 型螺旋式熔断器的外形图
1—瓷帽；2—熔管；3—瓷保护圈；
4—瓷底座；5—熔断指示器

压保护，是低压供配电线路中重要的开关设备。自动空气开关主要由触头系统、灭弧系统、脱扣器和操作机构等部分组成。它的操作机构比较复杂，主触头的通断可以手动，也可以电动。这种开关具有工作可靠、运行安全、开断能力强、安装和使用方便等特点，目前在低压配电网络中日益得到广泛应用。根据自动空气开关的制造和使用习惯可分为：装置式（或称塑料外壳式）自动开关（DZ 型），如图 6-9 所示；万能式（或称框架式）自动开关（DW 型），如图 6-10 所示；快速式自动开关；限流式自动开关等。常见的型号有DZ13、DZ15、DZ20、C45、C65 等。

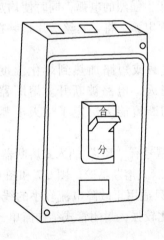
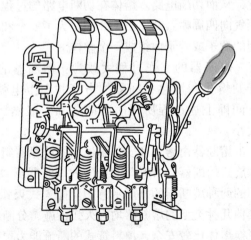

图 6-9　装置式自动开关外形图　　　　　图 6-10　万能式自动开关外形图

自动空气开关的工作原理如图 6-11 所示。当手动合闸后，跳钩 2 和锁扣 3 扣住，开关的触头 1 闭合，当电路出现短路故障时，过电流脱扣器 6 中线圈的电流会增加许多倍，其

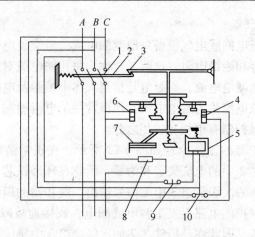

图 6-11　自动空气开关的工作原理示意图

1—触头；2—跳钩；3—锁扣；4—分励脱扣器；5—欠电压脱扣器；6—过电流脱扣器；

7—双金属片；8—热元件；9—常闭按钮；10—常开按钮

上部的衔铁按逆时针方向转动推动锁扣 3 向上，使其与跳钩 2 脱离，在弹簧弹力的作用下，开关自动打开，断开线路；当线路过负荷时，热元件 8 的发热量会增加，使双金属片 7 向上弯曲程度加大，托起锁扣 3，最终使开关跳闸；当线路电压不足时，欠电压脱扣器 5 中线圈的电流会下降，铁芯的电磁力下降，不能克服衔铁上弹簧的弹力，使衔铁上跳，锁扣 3 上跳，与跳钩 2 脱离，致使开关打开。常闭按钮 9 和常开按扭 10 起分励脱扣作用，当按下常闭按钮 9 时，开关的动作过程与线路失压时是相同的；当按下常开按钮 10 时，使分励脱扣器 4 线圈通电，最终使开关打开。

　　自动空气开关有许多种类，结构和动作原理也不完全相同，为了便于选择，应正确掌握其型号含义，如图 6-12 所示。

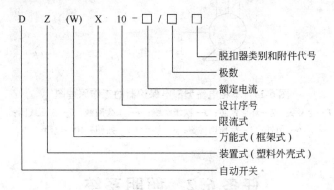

图 6-12　自动空气开关的型号含义

6.1.6.4　漏电保护器

　　漏电保护器是在断路器上加装漏电保护器件，当低压线路或电气设备上发生人身触电、漏电和单相接地故障时，漏电保护器便快速自动切断电源，保护人身和电气设备的安全，避免事故扩大。按照动作原理，漏电保护器可分为电压型、电流型和脉冲型；按照结构，可分为电磁式和电子式。

所谓漏电，一般是指电网或电气设备对地泄漏电流。对交流电网而言，由于各相输电线对地都存在着分布电容和绝缘电阻，这两者合称为每相输电线对地的绝缘阻抗。流过这些阻抗的电流即电网对地漏电电流，而触电是指当人体不慎触及电网或电气设备的带电部位会有电流流经人体，该电流称为触电电流。现以常用的电流型漏电保护器为例，说明其工作原理。电流型漏电保护器有单相和三相之分。

单相电流型漏电保护器的工作原理如图 6-13 所示。在正常情况下，相线对地漏电电流为零，则流过环形铁芯 2 中的电流矢量和为零，因此在环形铁芯 2 中产生的合成磁通也等于零，故在环形铁芯 2 的次级绕组 3 中无信号输出，脱扣器的衔铁 6 被由永久磁铁 4 产生的磁通所吸引。当被保护的电路上发生触电或漏电，或接地故障时，则流过环形铁芯 2 中的电流矢量和不再为零，因此在环形铁芯 2 的次级绕组 3 中感应出交变磁通，并在次级绕组 3 中产生感应电动势，由于环形铁芯 2 的次级绕组 3 与去磁线圈 5 串联，所以二次感应电流流过去磁线圈 5，在某半周波，交变磁通的方向与永久磁铁 4 的磁通方向反向，从而大大减弱了环形铁芯 2 的吸力，在反作用弹簧 7 的拉动下，衔铁 6 释放，搭钩 8 脱扣，断路器跳闸。

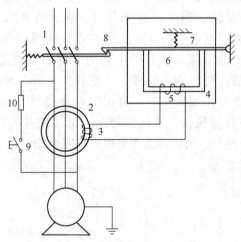

图 6-13 单相电流型漏电保护器的工作原理图
1—主开关；2—环形铁芯；3—次级绕组；4—永久磁铁；5—去磁线圈；
6—衔铁；7—反作用弹簧；8—搭钩；9—按钮；10—电阻

任务 6.2 照明系统

6.2.1 建筑电气照明基本知识

（1）照明方式。根据工作场所对照度的不同要求，照明方式可分为以下三种：

1）一般照明。在工作场所设置人工照明时，只考虑整个工作场所对照明的基本要求，而不考虑局部场所对照明的特殊要求，这种人工设置的照明称为一般照明。采用一般照明方式时，要求整个工作场所的灯具采用均匀布置的方案，以保证必要的照明均匀度。

2）局部照明。在整个工作场所内，某些局部工作部位对照度有特殊要求时，为其所设置的照明，称为局部照明。例如，在工作台上设置的工作台灯，在商场橱窗内设置的投光照明，都属于局部照明。

3）混合照明。在整个工作场所内同时设置了一般照明和局部照明，称为混合照明。

（2）照明种类。照明种类按其功能划分为：正常照明、应急照明、值班照明、警卫照明、障碍照明、装饰照明和艺术照明等。

1）正常照明。正常照明指保证工作场所正常工作的室内外照明。正常照明一般单独使用，也可与应急照明与值班照明同时使用，但控制线路必须分开。

2）应急照明。应急照明在正常照明因故障停止工作时使用。应急照明又可分为：

①备用照明。备用照明是在正常照明发生故障时，用以保证正常活动继续进行的一种应急照明。凡存在因故障停止工作而造成重大安全事故，或造成重大政治影响和经济损失的场所必须设置备用照明，且备用照明提供给工作面的照度不能低于正常照明照度的 10%。

②安全照明。在正常照明发生故障时，为保证处于危险环境中的工作人员的人身安全而设置的一种应急照明，称为安全照明，其照度应不低于一般照明正常照度的 5%。

3）值班照明。在非工作时间供值班人员观察用的照明称为值班照明。值班照明可单独设置，也可利用正常照明中能单独控制的一部分或利用应急照明的一部分作为值班照明。

4）警卫照明。用于警卫区内重点目标的照明称为警卫照明，通常可按警戒任务的需要，在警卫范围内装设，应尽量与正常照明合用。

5）障碍照明。为保证飞行物夜航安全，在高层建筑或烟囱上设置障碍标志的照明称为障碍照明。一般建筑物或构筑物的高度不小于 60m 时，需装设障碍照明，且应装设在建筑物或构筑物的最高部位。

6）装饰照明。为美化和装饰某一特定空间而设置的照明称为装饰照明。装饰照明可为正常照明和局部照明的一部分。

7）艺术照明。通过运用不同的灯具、不同的投光角度和不同的光色，制造出一种特定空间气氛的照明称为艺术照明。

6.2.2　常见电光源和灯具

6.2.2.1　电光源的分类

根据光的产生原理，电光源主要分为两大类：一类是热辐射光源，利用物体加热时辐射发光的原理所制造的光源，包括白炽灯和卤钨灯；另一类是气体放电光源，利用气体放电时发光的原理所制造的光源，如荧光灯、高压汞灯、高压钠灯、金属卤化物灯和氙灯都属此类光源。

6.2.2.2　常见电光源

（1）普通白炽灯。普通白炽灯的结构如图 6-14 所示。普通白炽灯的灯头形式分为插口和螺口两种。普通白炽灯适用于照度要求较低，开关次数频繁的室内外场所。普通白炽灯泡的规格有 15W、25W、40W、60W、100W、150W、200W、300W、500W 等。

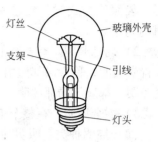

图 6-14　普通白炽灯结构

（2）卤钨灯。其工作原理与普通白炽灯一样，但突出特点是在灯管（泡）内充入惰性气体的同时加入了微量的卤素物质，所以称为卤钨灯。目前国内用的卤钨灯主要有两类：一类是灯内充入微量碘化物，称为碘钨灯，如图 6-15 所示；另一类是灯内充入微量溴化物，称为溴钨灯。卤钨灯多制成管状，灯管的功率一般都比较大，适用于体育场、机场、广场等场所。

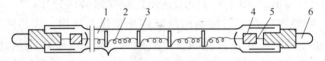

图 6-15　碘钨灯构造

1—石英玻璃管；2—灯丝；3—支架；4—铝箱；5—导丝；6—电极

（3）荧光灯。荧光灯的构造如图 6-16 所示。荧光灯的主要类型有直管型荧光灯、异型荧光灯和紧凑型荧光灯等。直管型荧光灯品种较多，在一般照明中使用非常广泛，有日光色、白色、暖白色及彩色等多种。异型荧光灯主要有 U 型和环型两种，异型荧光灯不但便于照明布置，而且具有装饰作用。紧凑型荧光灯是一种新型光源，有双 U 型、双 D 型、H 型等，具有体积小、光效高、造型美观、安装方便等特点。

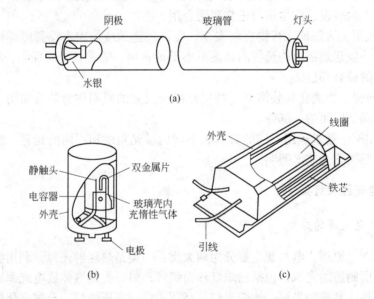

图 6-16　荧光灯的构造

（a）灯管；（b）启动器；（c）镇流器

（4）高压汞灯。高压汞灯又称为高压水银灯，靠高压汞气体放电而发光。按结构可分为外镇流式和自镇流式两种，如图 6-17 所示。自镇流式高压汞灯使用方便，在电路中不用安装镇流器，适用于大空间场所的照明，如礼堂、展览馆、车间、码头等。

（5）钠灯。钠灯是在灯管内放入适量的钠和惰性气体而制成。钠灯分为高压钠灯和低压钠灯两种，具有省电、光效高、透雾能力强等特点，适用于道路、隧道等场所照明。

（6）金属卤化物灯。金属卤化物灯的结构与高压汞灯非常相似，除了在放电管中充入汞和氢气外，还填充了各种不同的金属卤化物。按填充的金属卤化物的不同，主要有钠铊铟灯、镝灯、铊钠灯等。

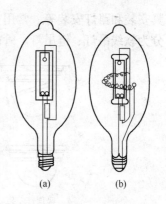

图 6-17　高压汞灯的构造
（a）自镇流式；（b）外镇流式

（7）氙灯。氙灯属于惰性气体放电弧光灯，其光色很好。氙灯按电弧的长短又可分为长弧氙灯和短弧氙灯，其功率较大，光色接近于日光，因此有"人造小太阳"之称。氙灯有耐低温、耐高温、耐震、工作稳定、功率较大等特点。长弧氙灯特别适合于广场、车站、港口、机场等大面积场所照明。短弧氙灯是超高压氙气放电灯，其光谱要比长弧氙灯更加连续，与太阳光谱很接近，又称为标准白色高亮度光源，显色性好。

氙灯紫外线辐射强，在使用时不要用眼睛直接注视灯管，用于一般照明时，要装设滤光玻璃，安装高度不宜低于 20m。氙灯一般不用镇流器，但为提高电弧的稳定性和改善启动性能，目前小功率管型氙灯仍使用镇流器。氙灯需采用触发器启动，每次触发时间不宜超过 10s，灯的工作温度高，因此，灯座及灯头引入线应耐高温。

6.2.2.3　常用灯具

灯具主要由灯座和灯罩等部件组成。灯具的作用是固定和保护光源，控制光线，将光源光通量重新分配，以达到合理利用和避免炫目的目的。常用灯具按其结构特点，可分为开启型、闭合型（保护式）、密闭型、防爆型、隔爆型、安全型等，如图 6-18 所示。

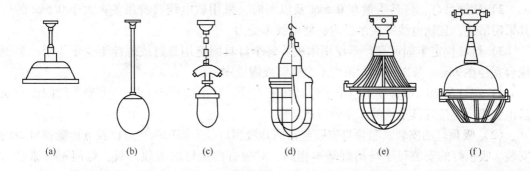

图 6-18　按灯具结构特点分类的灯型
（a）开启型；（b）闭合型；（c）密闭型；（d）防爆型；（e）隔爆型；（f）安全型

6.2.3　灯具的安装与布置

6.2.3.1　灯具常用安装方式

灯具安装包括普通灯具安装、装饰灯具安装、工厂灯具及防水防尘灯具安装、医院灯具安装和路灯安装等。常用安装方式有悬吊式、壁装式、吸顶式、嵌入式等。悬吊式又可分为软线吊灯、链吊灯、管吊灯。灯具常用安装方式如图 6-19 所示。

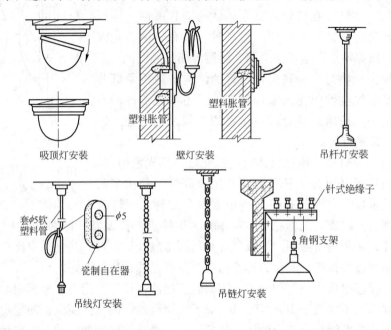

图 6-19 灯具常用安装方式

（1）吊灯的安装。吊灯安装包括软吊线白炽灯、吊链白炽灯、防水软线白炽灯的安装。其主要配件有吊线盒、木台、灯座等。吊灯的安装程序是测定、画线、打眼、埋螺栓、上木台、灯具安装、接线、接焊包头。《建筑电气工程施工质量验收规范》（GB 50303—2002）对吊灯的安装要求是：

1）灯具质量大于 3kg 时，固定在螺栓或预埋吊钩上。

2）软线吊灯，灯具质量在 0.5kg 及以下时，采用软电线自身吊装；大于 0.5kg 的灯具采用吊链，且软电线穿在吊链内，使电线不受力。

3）灯具固定牢固可靠，不使用木楔。每个灯具固定用螺钉或螺栓不少于 2 个；当绝缘台直径在 75mm 及以下时，采用 1 个螺钉或螺栓固定。

4）花灯吊钩圆钢直径不应小于灯具挂销直径，且不应小于 6mm。大型花灯的固定及悬吊装置，应按灯具重量的 2 倍做过载实验。

（2）吸顶灯的安装。吸顶灯安装包括圆球吸顶灯、半圆球吸顶灯以及方形吸顶灯等的安装。吸顶灯的安装程序与吊灯基本相同。对装有白炽灯的吸顶灯具，灯泡不应紧贴灯罩；当灯泡与绝缘台间距离小于 5mm 时，灯泡与绝缘台间应采取隔热措施，如图 6-20 所示。

（3）壁灯的安装。壁灯可安装在墙上或柱子上。安装在墙上时，一般在砌墙时应预埋木砖，禁止用木楔代替木砖，也可以预埋螺栓或用膨胀螺栓固定。安装在柱子上时，一般在柱子上预埋金属构件或用抱箍将金属构件固定柱子上，然后再将壁灯固定在金属构件上。同一工程中成排安装的壁灯，安装高度应一致，高低差不应大于 5mm。

（4）荧光灯的安装。荧光灯的安装方法有吸顶式、嵌入式、吊链式和吊管式。应注意

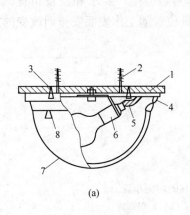
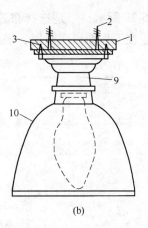

(a)　　　　　　　　　　　　　　(b)

图 6-20　吸顶灯的安装

(a) 半圆吸顶灯；(b) 半扁罩灯

1—圆木；2—固定圆木用螺钉；3—固定灯架用木螺钉；4—灯架；5—灯头引线；

6—管接式瓷质螺口灯座；7—玻璃灯罩；8—固定灯罩用机螺钉；

9—铸铝壳瓷质螺口灯座；10—搪瓷灯罩

灯管、镇流器、启动器、电容器的互相匹配，不能随便代用。特别是带有附加线圈的镇流器，接线不能接错，否则会毁坏灯管。

（5）嵌入式灯具的安装。嵌入顶棚内的灯具应固定在专设的框架上，导线不应贴近灯具外壳，且在灯盒内应留有余量，灯具的边框应紧贴在顶棚面上。矩形灯具的边框宜与顶棚面的装饰直线平行，其偏差不应大于 5mm。

6.2.3.2　灯具的选择

灯具的选择应首先满足使用功能和照明质量的要求，同时便于安装与维护，并且长期运行费用低，应优先采用高效节能电光源和高效灯具，所以灯具选择的基本原则如下：

（1）合适的配光特性，如光强分布、灯具的表面亮度、保护角等。

（2）符合使用场所的环境条件，如在潮湿房间或含有大量灰尘的场所，则应选用防水防尘灯具；在有易燃气体的场所，应采用防爆型灯具。

（3）符合防触电保护要求。

（4）经济性好，应综合初期投资和年运行费用全面考虑。满足照度要求而耗电量少就算最经济，故应选光效率高、寿命长的灯具为宜。

（5）外形与建筑风格相协调。

6.2.3.3　灯具的布置

灯具的布置就是确定灯具在房间内的空间位置，这与它的投光方向、工作面的布置、照度的均匀度以及限制眩光和阴影都有直接关系。灯具的布置是否合理关系到照明安装容量、投资费用以及维护、检修的方便与安全等。灯具的布置应根据工作面的布置情况、建筑结构形式和视觉工作特点等条件来进行。灯具的布置主要有两种方式：一是均匀布置，即灯具有规律地对称排列，以使整个房间内的照度分布比较均匀，有正方形、矩形、菱形等方式，如图 6-21 所示；二是选择布置，即为适应生产要求和设备布置，加强局部工作面的照度及防止在工作面出现阴影，采用灯具位置随工作表面安排而改变的方式。

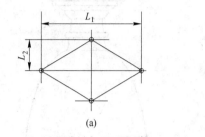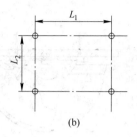

图 6-21　灯具的均匀布置

（a）菱形布置；（b）矩形布置

　　室内一般照明通常采用均匀布置，均匀布置是否合理主要取决于灯具的悬挂高度及距离比是否适当。

　　灯具的竖向布置是指灯具在竖直方向上的布置，即确定灯具的悬挂高度，如图 6-22 所示。为限制直射眩光，对灯具悬挂的最低高度应有限制，见表 6-2。对于一般层高的房间，如 2.8～3.5m，考虑灯具的检修和照明的效率，一般悬挂高度应为 2.2～3.0m。

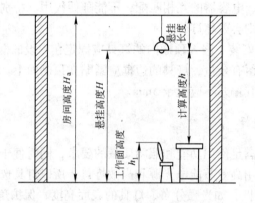

图 6-22　灯具竖向布置

表 6-2　房间内一般照明用灯具在地板面上的最低悬挂高度

光源种类	灯具形式	灯具保护角/(°)	光源功率/W	最低悬挂高度/m
白炽灯	搪瓷或镜面反射罩	10～30	100 及以下 150～200 300～500	2.5 3.0 3.0
	乳白玻璃漫射罩		100 及以下 150～200 300～500	2.0 2.5 3.0
高压汞灯荧光灯	搪瓷或镜面深照型	10～30	250 及以下 400 及以下	5.0 6.0
碘钨灯	搪瓷或铝抛光反射罩	30 及以上	500 1000～2000	6.0 7.0
荧光灯			40 以下	2.0

为使一个房间里照度比较均匀，灯具布置应有合理的距高比。所谓距高比，是指灯具的间距 L 和计算高度 h（灯具至工作面距离）之比。距高比小，照度均匀度好，但经济性差；距高比过大，布灯则稀少，不能满足规定的照度均匀度。因此，实际距高比必须小于照明手册中规定的灯具最大允许距高比。各种灯具最有利的距高比见表6-3。

表 6-3　各种照明灯具最有利的距高比（L/h）

灯具形式	多行布置	单行布置
深照型灯	1.6 ~ 1.8	1.5 ~ 1.8
配照型灯	1.8 ~ 2.5	1.8 ~ 2.0
广照型灯、散照型灯、圆球型灯等	2.3 ~ 3.2	1.9 ~ 2.5
荧光灯	1.4 ~ 1.5	1.2 ~ 1.4

任务 6.3　防雷与接地系统

6.3.1　雷电的形成及危害

6.3.1.1　雷电的形成

带电的云层称为雷云。雷云是由于大气的流动而形成的。雷云中正负电荷的分布情况虽然很复杂，但多半是上层带正电荷，下层带负电荷。当云层中的电荷越积越多，并使周围的电场强度达到一定程度时，它就会击穿空气的绝缘层，从而雷云之间或雷云与大地之间进行放电，发出强烈的弧光和声音，就是人们常说的"闪电"和"打雷"。雷云对大地放电时，对地面上的电器设备和建筑物的破坏作用很大，也对人畜生命造成很大威胁。

雷电的形成与气象条件和地形有关。湿度大、气温高的季节以及地面突出的部分较易形成闪电。随着经济的发展，高层建筑日益增多，防止雷击危害问题尤为突出。

6.3.1.2　雷电的危害

雷电的危害方式主要有直击雷、雷电感应和雷电波侵入等方式。

（1）直击雷。直击雷就是雷云直接通过建筑物或地面设备对地放电的过程。强大的雷电流通过建筑物产生大量的热，使建筑物产生劈裂等破坏作用，还能产生过电压破坏绝缘、火花，引起燃烧和爆炸等。其危害程度在三种危害方式中最大。

（2）雷电感应。当建筑上空有雷云时，在建筑物上便会感应出异号电荷。在雷云放电后，雷云与大地之间电场消失了，但聚集在屋顶上的电荷不能立即释放，因而屋顶对地面便有相当高的感应电压，造成屋内电线、金属管道和大型金属设备放电，引起建筑物内的易爆危险品爆炸或易燃物品燃烧。

（3）雷电波侵入。当输电线路或金属管路遭受直接雷击或发生感应雷时，雷电波便沿着这些线路侵入室内，造成人员、电气设备和建筑物的伤害和破坏。雷电波侵入造成的事故在雷害事故中占相当大的比重，应引起足够重视。

6.3.2　防雷装置

防雷装置一般由接闪器、引下线和接地装置三部分组成，如图 6-23 所示。

6.3.2.1　接闪器

接闪器是吸引和接受雷电流的金属导体，常见接闪器的形式有避雷针、避雷带、避雷网或金属屋面等。

避雷针一般采用镀锌圆钢或镀锌焊接钢管制成。它通常安装在构架、支柱或建筑物上。

避雷带一般安装在建筑物的屋脊、屋角、屋

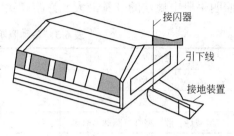

图 6-23　防雷装置的组成

檐、山墙等易受雷击部位或建筑物要求美观而不允许装避雷针的地方。

避雷带和避雷网宜采用圆钢或扁钢，优先选用圆钢，由直径不小于 $\phi 8mm$ 的圆钢或截面不小于 $48mm^2$ 并且厚度不小于 4mm 的扁钢组成，在要求较高的场所也可以采用 $\phi 20mm$ 的镀锌钢管。装于屋顶四周的避雷带，应高出屋顶 100 ~ 150mm，支持卡间距离为 1000 ~ 1500mm。

以上各接闪器均应经引下线与接地装置连接。

6.3.2.2　引下线

引下线是指连接接闪器与接地装置的金属导体，其作用是构成雷电能量向大地泄放的通道。

引下线分为明装和暗装两种。明装时一般采用直径为 8mm 的圆钢或截面尺寸为 12mm × 4mm 的扁钢。在易受腐蚀部位，截面应适当加大。建筑物的金属构件，如消防梯、铁爬梯等均可作为引下线，但应注意将各部件连接成电气通路。引下线应沿建筑物外墙敷设，距墙面 15mm。固定支架间距不应大于 2m，敷设时应保持一定的松紧度。从接闪器到接地装置，引下线的敷设应尽量短而直。若必须弯曲时，弯角应大于 90°。引下线应敷设于人们不易触及之处。由地下 0.3m 到地上 1.7m 的一段引下线应加保护设施，以避免机械损坏。

暗装时引下线的截面应加大一级，而且应注意与墙内其他金属构件的距离。当利用钢筋混凝土中的钢筋作引下线时，最少应利用四根柱子，每根柱子中至少用到两根主筋。

6.3.2.3　接地装置

接地装置的作用是接收引下线传来的雷电流，并以最快的速度泄入大地。接地装置包括接地线和接地体两部分，接地线是用来连接引下线与接地体的金属线，常用截面不小于 25mm × 4mm 的扁钢。

接地体分自然接地体和人工接地体两种。自然接地体是指兼作接地用的直接与大地接触的各种金属管道（输送易燃、易爆气体或液体的管道除外）、金属构件、金属井管、钢筋混凝土基础等。人工接地体是指人为埋入地下的金属导体，如 50mm × 50mm × 5mm 镀锌角钢、$\phi 50mm$ 镀锌钢管等。人工接地体又分为水平和垂直接地体两种。水平接地体是指接地体与地面水平，而垂直接地体是指接地体与地面垂直。人工接地体水平敷设时一般用扁钢或角钢，垂直敷设时一般用角钢或钢管。接地体的最小规格见表6-4。

表 6-4 接地体的最小规格

种类	规格	地上		地下	种类	规格	地上		地下
		室内	室外				室内	室外	
圆钢 扁钢	直径/mm	5	6	6	角钢 钢管	厚度/mm	2	2.5	4
	截面/mm^2	24	48	48		壁厚/mm	2.5	2.5	3.5
	厚度/mm	3	4	4					

为减少相邻接地体的屏蔽作用，垂直接地体的相互间距不宜小于其长度的两倍，水平接地体的相互间距可根据具体情况确定，但不宜小于5m。垂直接地体长度一般为2.5m，埋深应不小于0.6m，距建筑物出入口、人行道或外墙不应小于3m。

人工垂直接地体的安装是先在地面挖深度不小于0.6m的沟，将垂直接地体端部加工成尖状，打入地下，将接地体与接地母线及引下线可靠焊接，再将土回填夯实即可。接地装置施工完毕，应测量接地电阻，第一、二类防雷建筑物的接地电阻 $R \leqslant 100\Omega$。

图6-24所示为接地装置示意图。其中接地线分接地干线和接地支线，电气设备接地的部分就近通过接地支线与接地网的接地干线相连接。接地装置的导体截面，应符合热稳定和机械强度的要求。

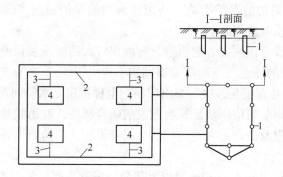

图6-24 接地装置示意图

1—接地体；2—接地干线；3—接地支线；4—电气设备

6.3.3 建筑物的防雷等级及防雷措施

6.3.3.1 建筑物的防雷等级

在建筑电气设计中，民用建筑物的防雷分为三个等级。

(1) 一类防雷建筑。

1) 有特别重要用途的建筑物，如国家级会堂、办公建筑、大型博展建筑、火车站、国际性航空港、通信枢纽、国宾馆、大型旅游建筑、国家级重点文物保护建筑物和构筑物、超高层建筑物等。

2) 凡在建筑物中制造、使用、贮存大量爆炸物质或在正常情况下能形成爆炸性混合物时，可能因电火花而引起爆炸造成巨大破坏和人身伤亡的建筑物。

（2）二类防雷建筑。

1）重要的或人员密集的大型建筑物，如部级、省级办公楼，省级大型集会、博览、体育、交通、通信、广播、商业、剧院建筑等。

2）省级重点文物保护建筑物或构筑物。

3）特征同一类第二条，但不致造成巨大破坏和人身伤亡的建筑；或在不正常情况下才能形成爆炸性混合物，因电火花而引起爆炸造成巨大破坏和人身伤亡的建筑。

4）19层及以上的住宅建筑和高度超过50m的其他民用建筑和一般工业建筑物。

（3）三类防雷建筑。

1）凡不属于一类、二类防雷的一般建筑物而需要作防雷保护的建筑物。

2）高于其他建筑物或处于边缘地带的高度为20m以上的民用和一般工业建筑物；建筑物高度超过20m以上的突出物体。在雷电活动强烈地区，高度可为15m以上，雷电活动较弱地区，高度可达25m以上。

3）高度超过15m的烟囱、水塔等孤立建筑物。在雷电活动较弱地区，高度可达20m以上。

4）历史上雷害事故严重地区的建筑物。

6.3.3.2　建筑物的防雷措施

（1）一类防雷建筑物的保护措施。一类建筑物的保护措施主要有三个方面：防直击雷、防雷电感应和防雷电波侵入。

防直击雷一般装设避雷网或者避雷带，对面积较大的屋顶装设避雷网，网格不应大于10m×10m，即屋面上的任意一点距离避雷网均不得大于5m。当有三条及以上平行避雷带时，每隔不大于24m处需相互连接，突出屋面的电梯机房、水箱间等可沿屋顶的四周装设避雷带。防直击雷接地装置应围绕建筑物敷设成闭合回路，冲击接地电阻应小于10Ω，并应和电器设备接地装置及所有进入建筑物的金属管道相连。防直击雷专设的引下线与建筑物内的金属物隔开。

当建筑物高度超过30m时，30m及以上部分应采取下列防侧击雷和等电位措施：

1）建筑物内钢构架和钢筋混凝土的钢筋应互相连接。

2）应利用钢柱或钢筋混凝土柱子内钢筋作为防雷装置引下线。

3）应将30m及以上部分外墙上的栏杆、金属门窗等较大金属物直接或通过金属门窗埋铁与防雷装置相连。

4）垂直金属管道及类似金属物除每三层与圈梁的钢筋连接一次外，还应在底部与防雷装置相连。

为防止静电感应产生火花，建筑物内的金属物和突出屋面的金属物均应接地。为了防止雷电波侵入，进入建筑物的各种线路及管道宜采用全线埋地引入，并在入户端将电缆的外金属皮、钢管与接地装置相连。当全线采用电缆有困难时，在入户端可采用一段铠装电缆引入，直接埋地的长度不应小于15m；在电缆与架空线连接处还应装设阀型避雷器。避雷器、电缆金属外皮和绝缘子铁脚应可靠连接在一起接地，冲击接地电阻小于10Ω。

（2）二类防雷建筑物的保护措施。二类防雷建筑物的保护措施与一类防雷建筑物的基本相同，主要为防直击雷、防雷电感应和雷电波侵入。

防直击雷的措施一般在建筑物易受雷击部位装设避雷带作为接闪器，并在屋面上装设不大于 15m×15m 的网格。当有三条及以上避雷带时，每隔 30m 应相互连接。突出屋面的物体，一般可沿其顶部装设避雷带保护，若为金属物可不装设，但应与屋面避雷带连接。为防直击雷专设的引下线不应少于 2 根，其间距不宜大于 20m。防止雷击和防雷电感应宜共用接地装置，冲击接地电阻小于 10Ω，并应和电器设备接地装置及埋地金属管道相连。

二类防雷建筑物的防雷电波侵入，应符合下列要求：当低压线路全长采用埋地电缆引入或用架空金属线槽内的电缆引入时，在入户端应将电缆的金属外皮、金属线槽接地，并与防雷接地装置相连。

（3）三类防雷建筑物的保护措施。三类防雷建筑物的保护主要为防直击雷和雷电波的侵入。防直击雷的措施为在建筑物易受雷击的部位装设避雷带或避雷针。当采用避雷带时，屋面上任何一点距避雷带不应大于 10m。防雷装置的专设引下线不宜少于 2 根，间距不宜大于 25m。接地装置的冲击接地电阻小于 30Ω，并应与电器设备接地装置及埋地金属管道相连。三类防雷建筑物，为防止雷电波沿低压架空线侵入，在线路入户处应将绝缘铁脚接到防雷及电器设备的接地装置上；进入建筑物的架空金属管道在入户处，应与防雷及电器设备的接地装置相连。

6.3.4　电气装置的接地

电气设备的某部分与大地之间做良好的电气连接，称为"接地"。埋入地中并直接与大地接触的金属物体，称为"接地体"或"接地极"。接地装置包括接地体和接地线两部分。

6.3.4.1　低压配电系统的接地形式

低压配电系统，按其中电气设备的外露可导电部分保护接地的形式不同，分为 TN 系统、TT 系统和 IT 系统。

（1）TN 系统。

1）TN-C 系统（图 6-25a）。TN-C 系统的电源中性点引出一根保护中性线（PEN 线），其中设备的外露可导电部分均接至 PEN 线。这种系统不适用于对抗电磁干扰要求高的场所。此外，如果 PEN 线断线，可使接 PEN 线的设备外露可导电部分带电而造成人身触电危险。因此 TN-C 系统也不适用于安全较高的场所，包括住宅建筑。

2）TN-S 系统（图 6-25b）。TN-S 系统的电源中性点分别引出 N 线和 PE 线，其中设备的外露可导电部分均接至 PE 线。这种系统适用于对抗电磁干扰要求较高的数据处理、电磁检测等实验场所，也适用于安全要求较高的场所，如潮湿易触电的浴池等地及居民住宅内。

3）TN-C-S 系统（图 6-25c）。TN-C-S 系统是在 TN-C 系统的后面，部分或全部采用TN-S 系统，设备的外露可导电部分接至 PEN 线或接至 PE 线。此系统经济实用，在现代企业和民用建筑中应用日益广泛。

（2）TT 系统（图 6-26）。TT 系统的电源中性点与 TN 系统一样，也直接接地，并从中性点引出一根中性线（N 线），以通过三相不平衡电流和单相电流，但该系统中电气设备的外露可导电部分均经各自的 PE 线单独接地。因此这种系统也适用于对抗电磁干扰要求较高的场所。

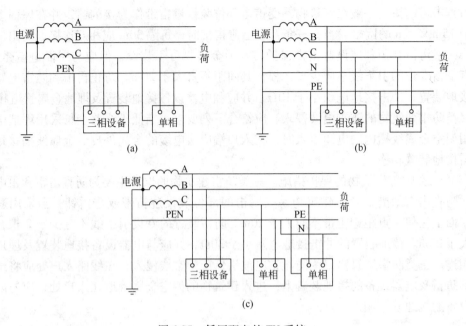

图 6-25　低压配电的 TN 系统

（a）TN-C 系统；（b）TN-S 系统；（c）TN-C-S 系统

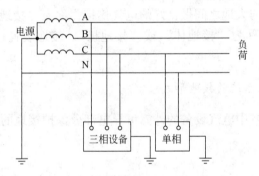

图 6-26　低压配电的 TT 系统

（3）IT 系统（图 6-27）。IT 系统的电源中性点不接地，或经高阻抗（约 1000Ω）接地，没有中性线（N 线），而系统外露可导电部分均经各自的 PE 线单独接地。这种系统主要用于对连续供电要求较高或对抗电磁干扰要求较高的场所，以及易燃易爆危险场所，

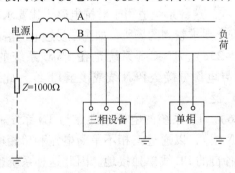

图 6-27　低压配电的 IT 系统

如矿山、井下等地。

6.3.4.2　重复接地

在电源中性点直接接地的 TN 系统中，为确保公共 PE 线或 PEN 线安全可靠，除在电源中性点进行工作接地外，还必须在 PE 线或 PEN 线的下列地方进行必要的重复接地：

（1）在架空线路的干线和分支线的终端及沿线每隔 1km 处；

（2）电缆和架空线在引入车间或大型建筑物处。

否则，在 PE 线或 PEN 线发生断线并有设备发生一相接地故障时，接在断线后面的所有设备的外露可导电部分将呈现接近于相电压的对地电压，这是很危险的。

6.3.4.3　建筑物的等电位连接

在电气装置或某一空间内，将所有金属可导电部分以恰当的方式互相连接，使其电位相等或相近，从而消除或减小各部分之间的电位差，有效地防止人身遭受电击、电气火灾等事故的发生，此类连接称为等电位连接。

（1）等电位连接的分类。等电位连接分为总等电位连接，代号为 MEB；辅助等电位连接，代号为 SEB；局部等电位连接，代号为 LEB。

总等电位连接（MEB）是指在建筑物的电气装置范围内，将其建筑物构件、各种金属管道、电气系统的保护接地线（PE 线）和人工或自然接地装置通过总电位连接端子板（条）互相连接，以降低建筑物内间接接触电压和不同金属部件间的电位差，并消除自建筑物外经电气线路和各种金属管道以及金属件引入的危险故障电压的危害。

辅助等电位连接（SEB）是指将两个或几个可导电部分进行电气连通，直接做等电位连接，使其故障接触电压降至安全限制电压以下。辅助等电位连接线的最小截面为：有机械保护时，采用铜导线为 2.5mm²，采用铝导线为 4mm²；无机械保护时，铜、铝导线均为 4mm²；采用镀锌材料时，圆钢为 ϕ10mm，扁钢为 20mm×4mm。

局部等电位连接（LEB）是指在某一局部范围内，通过局部等电位端子板（条），将多个辅助等电位连接。

（2）低压接地系统对等电位连接的要求。

1）建筑物内的总等电位连接导体应与下列可导电部分相互连接：

①保护线干线、接地线干线；

②金属管道，包括自来水管、燃气管、空调管等；

③建筑结构中的金属部分以及来自建筑物外的可导电体；

④来自建筑物外的可导电体，应在建筑物内尽量靠近入口处与等电位连接导体连接。

2）建筑物内的辅助等电位连接，应与下列可导电部分相互连接：

①固定设备的所有能同时触及的外露可导电部分；

②设备或插座内的保护导体；

③装置外的可导电部分，建筑物结构主筋。

等电位连接的电阻要求是：等电位连接端子板与其连接范围内的金属体末端间电阻不大于 3Ω，并且使用后要定期测试。

（3）等电位连接的作用。所有的电气灾害，均不是因为电位高或电位低引起的，而是由于电位差的原因所引起的放电。人身遭受电击、电气火灾、电气信息设备的损坏等，其主要原因都是由于有了电位差引起放电造成的。

为了防止上述事故的发生，消除电位差或减小电位差是最有效的措施。采用等电位连接的方法，能有效地消除或减小电位差，使设备及人员获得安全防范保护。

6.3.4.4　接地电阻的测量

接地电阻是指接地体电阻、接地线电阻和土壤散流电阻之和。测量接地电阻一般用接地电阻测量仪（俗称接地摇表）。图 6-28 所示为用接地摇表测量接地装置的接地电阻时的接线方式。

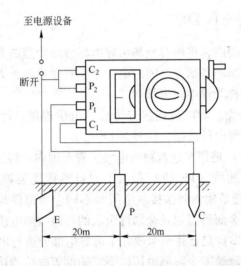

图 6-28　用接地摇表测量接地装置的接地电阻时的接线方式

在测量接地电阻之前，首先要切断接地装置与电源、电气设备的所有联系。然后沿被测接地装置 E 使电位探测针 P 和电流探测针 C 依直线的排列形式彼此相距 20m。插好接地极后，按图 6-28 所示的接线方式，用导线将 E、P 和 C 与接地电阻测量仪的相应端钮相连。

导线接好后，将仪表放置于水平位置，检查检流计的指针是否指在中心线上，若不在中心线位置，可用零位调整器将其调整在中心线上。

测试时，先合理选择倍率盘的倍率，转动摇把并逐渐加快，这时仪表指针如果偏转较慢，说明所选倍率适当，否则要加大倍率；在升速过程中随时调整指示盘，使其指针位于中心线的零位上，当摇把转速达到 120r/min，并且指针平稳指零时，则停止转动和调节，这时倍率盘的倍数乘以指示盘的读数就是接地电阻的电阻值。

任务 6.4　建筑电气施工图识读

6.4.1　建筑电气施工图的组成

电气施工图又称为电气安装图，是设计单位提供给施工单位进行电气安装的技术图纸，也是运行单位进行竣工验收及运行维护和检修试验的重要依据。

绘制电气施工图，必须遵循有关国家标准的规定。在技术要求方面，应符合有关设计规范的规定，并尽可能参照建设部批准的《全国通用建筑标准设计·电气装置标准图集》及 00DX001《建筑电气工程设计常用图形和文字符号》等。

电气施工图按工程性质可分为：变配电工程施工图、动力工程施工图、照明工程施工图、防雷接地工程施工图、弱电工程施工图、架空线路施工图等；按图纸的表现内容可分为基本图和详图，其中，基本图又包括设计说明、主要设备材料表、电气系统图、电器平面图、二次接线图、控制原理图，详图又包括构件大样图和标准图。

6.4.2　电气施工图的表示符号

电气施工图识读的基本要求是要很好地熟悉各种电气设备的图例符号，这样才能掌握各项设备及主要材料在施工图中的安装位置，进而对总体情况有一个概括了解。

表 6-5 所示为常用电气图例符号，表 6-6 所示为建设部批准的 00DX001《建筑电气工程设计常用图形和文字符号》规定的部分电力设备的文字符号，表 6-7 所示为 00DX001 规定的部分线路安装方式的文字符号，表 6-8 所示为 00DX001 规定的部分导线敷设部位的文字符号，表 6-9 所示为灯具安装方式文字符号，表 6-10 所示为 00DX001 规定的部分电力设备在电气施工图上的标注方法。

表 6-5　常用电气图例符号

图　例	名　称	备　注	图　例	名　称	备　注
	双绕组变压器	形式 1 形式 2		动力或动力—照明配电箱	
				照明配电箱（屏）	
	三绕组变压器	形式 1 形式 2		事故照明配电箱（屏）	
				电源自动切换箱（屏）	
	电流互感器 脉冲变压器	形式 1 形式 2		隔离开关	
				接触器(在非动作位置触点断开)	
	电压互感器	形式 1 形式 2		断路器	
	屏、台、箱、柜 一般符号			熔断器一般符号	

图　例	名　称	备　注	图　例	名　称	备　注
	熔断器式开关			荧光灯	
	熔断器式隔离开关			三管荧光灯	
	避雷器			五管荧光灯	
MDF	总配线架			壁　灯	
IDF	中间配线架			广照型灯 （配照型灯）	
	壁龛交接箱			防水防尘灯	
	分线盒的一般符号			开关一般符号	
	室内分线盒			单极开关	
	室外分线盒			单极开关（暗装）	
	灯的一般符号			双极开关	
	球形灯			双极开关（暗装）	
	天棚灯			三极开关	
	花　灯			单相插座 暗　装 密闭（防水） 防　爆	
	弯　灯			带保护接点插座 带接地插孔的 单相插座（暗装） 密闭（防水）	

图　例	名　称	备　注	图　例	名　称	备　注
	带接地插孔的 三相插座			两路分配器， 一般符号	
	带接地插孔的 三相插座（暗装）			三路分配器	
	插座箱（板）			四路分配器	
Ⓐ	指示式电流表			匹配终端	
Ⓥ	指示式电压表			传声器一般符号	
cosφ	功率因数表			扬声器一般符号	
Wh	有功电能表 （瓦时日）			感烟探测器	
	电信插座的一般符号 可用以下的文字或 符号区别不同插座 TP—电话 FX—传真 M—传声器 FM—调频 TV—电视			感光火灾探测器	
				扬声器	
				手动火灾报警按钮	
				水流指示器	
			★	火灾报警控制器	
				火灾报警电话机 （对讲电话机）	
	三极开关（暗装）		EEL	应急疏散 指示标志灯	
	单极限时开关		EL	应急疏散照明灯	
	调光器			消火栓	
	钥匙开关			电线、电缆、母线、 传输通路、一般符号	
	电　铃			三根导线	
	天线一般符号			三根导线	
	放大器一般符号			n 根导线	
				接地装置 （1）有接地极 （2）无接地极	

图　例	名　称	备　注	图　例	名　称	备　注
⊶	气体火灾探测器（点式）		——F——	电话线路	
CT	缆式线型定温探测器		——V——	视频线路	
↓	感温探测器		——B——	广播线路	

表6-6　部分电力设备的文字符号

设备名称	文字符号	设备名称	文字符号
交流（低压）配电屏	AA	蓄电池	GB
控制箱（柜）	AC	柴油发电机	GD
并联电容器屏	ACC	电流表	PA
直流配电屏（电源柜）	AD	有功电能表	PJ
高压开关柜	AH	无功电能表	PJR
照明配电箱	AL	电压表	PV
动力配电箱	AP	电力变压器	T，TM
电度表箱	AW	插　头	XP
插座箱	AX	插　座	XS
空气调节器	EV	信息插座	XTO

表6-7　部分线路安装方式的文字符号

敷设方式	文字符号	敷设方式	文字符号
穿焊接钢管敷设	SC	金属线槽敷设	MR
穿电线管敷设	MT	塑料线槽敷设	PR
穿硬塑料管敷设	PC	钢索敷设	M
穿阻燃半硬聚氯乙烯管敷设	FPC	直接埋设	DB
穿聚氯乙烯塑料波纹管敷设	KPC	电缆沟敷设	TC
穿金属软管敷设	CP	混凝土排管敷设	CE
穿扣压式薄壁钢管敷设	KBG	电缆桥架敷设	CT

表6-8　导线敷设部位的文字符号

敷设部位	文字符号	敷设部位	文字符号
沿或跨梁（屋架）敷设	AB	暗敷在墙内	WC
暗敷在梁内	BC	沿天棚或顶板面敷设	CE
沿或跨柱敷设	AC	暗敷在屋面或顶板内	CC
暗敷在柱内	CLC	吊顶内敷设	SCE
沿墙面敷设	WS	地板或地面下敷设	F

表6-9　灯具安装方式文字符号

安装方式	文字符号	安装方式	文字符号
线吊式	SW	顶棚内安装	CR
链吊式	CS	墙壁内安装	WR
管吊式	DS	支架上安装	S
壁装式	W	柱上安装	CL
吸顶式	C	座　装	HM
嵌入式	R		

表6-10　部分电力设备在电气施工图上的标注方法

标注对象	标注方式	说　明
用电设备	$\dfrac{a}{b}$	a—设备编号或设备位号； b—额定容量（kW 或 kVA）
概略图（系统图） 电气箱（柜、屏）	$-a+b/c$	a—设备种类代号； b—设备安装位置的位置代号； c—设备型号
平面图（布置图） 电气箱（柜、屏）	$-a$	a—设备种类代号 （不致引起混淆时，前缀"$-$"可略）
照明、安全、 控制变压器	$a-b/c-d$	a—设备种类代号； b/c——次电压、二次电压； d—额定容量
照明灯具	$a-b\,\dfrac{c\times d\times L}{e}\,f$	a—灯数； b—型号或编号（无则省略）； c—每盏灯具的灯泡数； d—灯泡安装容量； e—灯泡安装高度（m），"-"吸顶安装； f—安装方式； L—光源种类
线　路	$ab-c(d\times e+f\times g)i-jh$	a—线缆编号； b—型号（不需要可省略）； c—线缆根数； d—电缆线芯数； e—线芯截面（mm^2）； f—PE、N 线芯数； g—线芯截面（mm^2）； i—线缆敷设方式； j—线缆敷设部位； h—线缆敷设安装高度（m）
电缆桥架	$\dfrac{a\times b}{c}$	a—电缆桥架宽度（mm）； b—电缆桥架高度（mm）； c—电缆桥架安装高度（m）
断路器整定值	$\dfrac{a}{b}c$	a—脱扣器额定电流； b—脱扣器整定电流； c—短延时整定时间（瞬时不标注）

6.4.3　低压配电系统电气施工图识读方法

一般是从进户装置开始到配电箱，再按配电箱的回路编号顺序，逐条线路进行识读直到开关和灯具为止。

（1）进户装置。了解进户装置的安装位置，电源线及进户线的型号、规格、根数、敷设方式及进户横担的形式等。

（2）照明配电箱。了解其型号、规格、安装位置、配电箱内电器设备及元件的设置。

（3）配电回路。了解各配电回路中导线的型号、规格、根数、走向、敷设方式及灯具、开关的型号、规格、安装位置等。

6.4.4　低压配电系统电气施工图示例

6.4.4.1　配电系统图示例

图 6-29 是某居民住宅楼配电干线系统图。本工程电源由室外采用交联聚乙烯绝缘聚

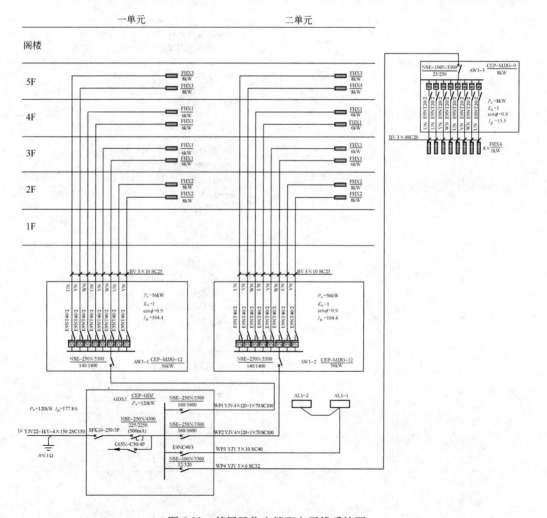

图 6-29　某居民住宅楼配电干线系统图

氯乙烯护套钢带铠装电力电缆穿钢管直埋敷设 YJV_{22}-1KV-4×150 2SC150 引入本楼总配电箱，总配电箱的编号为 GDX1。

由总配电箱引出 4 组干线回路 WP1、WP2、WP3 和 WP4，分别送至一单元、二单元电气计量箱 AW1-1、AW1-2，地下室照明配电箱 AL1-1、AL1-2 和车库电气计量箱 AW1-3。配电干线 WP1~WP4 均采用交联聚乙烯绝缘聚氯乙烯护套电缆穿管敷设。

单元电气计量箱 AW1-1 和 AW1-2 通过塑料绝缘导线 BV-3×10 穿钢管暗敷设配电至二~五层的各分户箱。

图 6-30 为图 6-29 系统图中的 FHX2 型分户箱系统图。该分户箱由塑料绝缘导线 BV-3×10 引入，分 8 个回路配电，分别为 2 个空调插座回路、照明回路、厨房插座回路、卫生间插座回路、普通插座回路，另外还有一层照明回路和一层普通插座回路。照明回路均采用塑料绝缘导线 BV-2×2.5 穿硬塑料管暗敷设在顶板内。所有插座回路均采用塑料绝缘导线 BV-3×4 穿硬塑料管暗敷设。

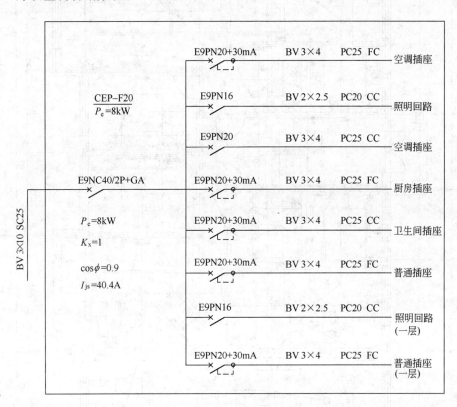

图 6-30　某居民住宅楼分户箱配电系统图

6.4.4.2　电气照明平面图示例

图 6-31 为某居民住宅楼二层电气照明平面图，图中的配电箱即为图 6-30 所示的 FHX2 型分户箱。看平面图时要结合系统图一起来看，看图时要明确配电箱、开关、插座和灯的位置，同时还要明确每盏灯由哪个开关来控制。

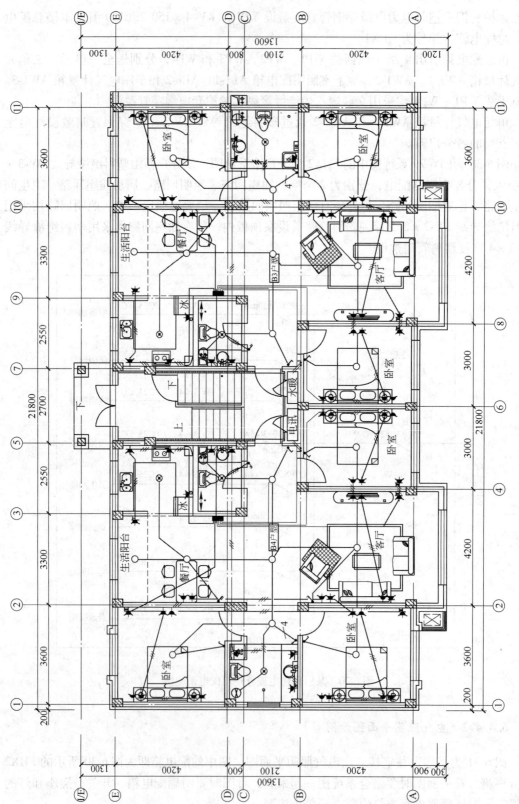

图 6-31　某居民住宅楼二层电气照明平面图（1∶50）

复习思考题

6-1　简述建筑供配电系统的配电形式。

6-2　低压配电系统保护装置有哪些。

6-3　照明的方式和种类有哪些。

6-4　简述电光源的分类。

6-5　常见电光源有哪些?

6-6　简述灯具选择的基本原则。

6-7　简述雷电的危害。

6-8　简述防雷装置的组成。

6-9　简述建筑物的防雷措施。

6-10　简述低压配电系统的接地形式。

项目 7　建筑智能化系统

任务 7.1　智能建筑概述

7.1.1　智能建筑的定义

智能建筑是建筑发展的高级阶段。所谓智能建筑，是指在传统建筑的构架上，依靠楼宇智能化技术，给建筑加上一个"聪明"的大脑和"灵敏"的神经网络系统，从而可以迅速、经济、高效地实现业主或用户对建筑的使用要求，为用户提供方便和舒适的使用环境。

美国智能建筑学会将智能建筑定义为：智能建筑是对建筑物的结构、系统、服务和管理这四个基本要素进行最优化组合，为用户提供一个高效率并具有经济效益的环境。

新加坡政府公共事业部门在其《智能大厦手册》内规定：智能建筑必须具备三个条件：一是具有先进的自动化控制系统，能对大厦内的温度、湿度、灯光等进行自动调节，并具有保安、消防功能，为用户提供舒适、安全的环境；二是具有良好的通信网络设施，以保证数据在大厦内流通；三是能够提供足够的对外通信设施。

国际智能建筑物研究机构则认为智能建筑是通过对建筑物的结构、系统、服务和管理方面的功能以及其内在的联系，以最优化的设计，提供一个投资合理又拥有高效率的优雅舒适、便利快捷、高度安全的环境空间。智能建筑能够帮助其业主意识到，他们在诸如费用开支、生活舒适、商务活动和人身安全等方面将得到最大利益的回报。

在我国，智能建筑一般被定义为：以建筑为平台，兼备建筑设备、办公自动化及通信网络系统，集结构、系统、服务、管理及其最优化组合，向人们提供安全、高效、舒适和便利的建筑环境。

我国智能建筑专家、清华大学张瑞武教授在 1997 年 6 月厦门市建委主办的"首届智能建筑研讨会"上，提出了以下比较完整的定义：智能建筑是指利用系统集成方法，将智能型计算机技术、通信技术、控制技术、多媒体技术和现代建筑艺术有机结合，通过对设备的自动监控，对信息资源的管理，对使用者的信息服务及其建筑环境的优化组合，所获得的投资合理、适用于信息技术需要并且具有安全、高效、舒适、便利和灵活特点的现代化建筑物。这是目前我国智能化研究理论界所公认的最权威的定义。

7.1.2　智能建筑的组成和功能

智能建筑传统上又称为 3A 大厦，它表示具有办公自动化（OA）、通信自动化（CA）和楼宇自动化（BA）功能的大厦。其中消防自动化（FA）和保安自动化（SA）包含于楼宇自动化中。建筑智能化系统是一个综合性的整体，在系统内，由集成中心（SIC）通过综合布线系统（GCS）来控制 3A，实现高度信息化、自动化及舒适化的现代建筑。

根据智能建筑的 3A 特性，其基本功能具体包含如下：

（1）通过办公自动化系统（OAS）和通信自动化系统（CAS）为用户提供各种通信手段，高效优质地处理语音、数据、文字和图像等各种信息，利用信息资源，支持管理决策，提高办公效率和工作质量，以求得更好的社会、经济效益。

（2）通过楼宇自动化系统（BAS）创造和提供一个人们感到适宜的温度、湿度、照度和空气清新的工作和生活的客观环境，通过 BAS 系统，人们可把智能建筑全楼所有的建筑设备和设施有效地管理起来。因此，BAS 系统可以实现建筑设备的节能、高效、可靠、安全的运行，从而保证智能化大楼的正常运转。

7.1.3　智能建筑的建设目标

智能建筑是一种人、信息与环境相互作用的系统，是以高科技为基础的新型办公和生活环境，虽然每栋智能建筑的智能化水平根据使用要求、投资额度、经济效益及工作效率等因素而各不相同，但智能建筑建设所追求的目标是共同的，主要有：

（1）共享信息资源。

（2）提高工作效率和提供舒适的工作、生活环境。

（3）楼宇采用计算机集中控制和管理，以减少管理人员和节约能源。

（4）能适应环境的变化和工作性质的多样化。

在信息化社会中，办公室工作已从日常的事务处理转向创造性的智力劳动，办公环境已逐渐成为企业集团生产力、竞争力和经济实力的象征和决定因素之一。智能建筑的作用越来越重要，它已逐渐成为产业活动的中心。

7.1.4　智能建筑的特点

各种类型的智能建筑，其使用性质各不相同，但它与一般（非智能建筑）的建筑有着显著的差别。

（1）工程投资高。智能建筑采用当前最先进的计算机、控制、通信技术，来获得高效、舒适、便捷、安全的环境，大大增强了建筑的工程总投资。

（2）具有重要性质和特殊地位。智能建筑在所在城市或客观环境中，一般具有重要性质，例如广播电台、电视台、报社、军队、武警和公安等指挥调度中心，通信枢纽楼和急救中心等；有些具有特殊地位，例如党政机关的办公大楼，各种银行及其结算中心等。

（3）应用系统配套齐全，服务功能完善。智能建筑通过楼宇自动化系统（BAS）、办公自动化系统（OAS）和通信自动化系统（CAS），采用系统集成的技术手段，实现远程通信、办公自动化以及楼宇自动化的有效运行，提供反应快速、效率高和支持力较强的环境，使用户能达到迅速实现其业务的目的。

（4）技术先进、总体结构复杂、管理水平要求高。智能建筑是现代"科技"技术的有机融合，系统技术先进、结构复杂，涉及各个专业领域，因此，建筑管理不同于传统的简单设备维护，需要通过具有较高素质的管理人才对整个智能化系统有全面的了解，建立完善的智能化管理制度，使智能建筑发挥出强大的服务功能。

7.1.5　智能建筑的核心技术

现代智能建筑综合利用目前国际上最先进的 4C 技术，以目前国际上先进的分布式信息与控制理论而设计的集散型系统（DCS），建立一个由计算机系统管理的一元化集成系统，即"智能建筑物管理系统"（IBMS）。4C 技术即现代化计算机（computer）技术、现代控制（control）技术、现代通信（communication）技术和现代图形显示（CRT）技术，是实现智能建筑的前提手段，系统一元化是智能建筑的核心。

（1）现代化计算机技术。智能建筑采用当代最先进的并行处理、分布式计算机网络技术。该技术是计算机联网的一种新形式，是计算机发展的高级阶段。该技术采用统一的分布式操作系统，把多个数据处理系统的通用部件合并为一个具有整体功能的系统，各软硬件资源管理没有明显的主从管理关系。分布式计算机系统强调分布式计算和并行处理，做到整个网络系统硬件和软件资源、任务和负载的共享。系统可以做到更快的响应，更高的输入/输出能力和更高的可靠性，提高系统的冗余性和容错能力。

（2）现代控制技术。智能建筑采用国际上先进的集散型监控系统（DCS）即分布式控制系统。DCS 是利用计算机技术对生产过程进行集中监视、操作、管理和分散控制的一种新型控制技术。它是由计算机技术、信号处理技术、测量控制技术、通信网络技术和人机接口技术相互发展、渗透而产生的，既不同于分散的仪表控制系统，也不同于集中式计算机控制系统，它是吸收了两者的优点，并在其基础上发展起来的一门系统工程技术。

（3）现代通信技术。智能建筑采用一体化的综合布线来实现通信功能。现代通信技术是通信技术与计算机网络技术的结合，主要体现在 ISDN（综合业务数字网）以及 DDN（数据专线通信）等功能的通信网络，同时在一个通信网上实现语音、计算机数据及文本通信，在一个建筑物中采用语音、数据、图像一体化的综合布线功能。

（4）现代图形显示技术。现代图形显示技术主要体现在计算机的操作和信息显示的图形化方面，是窗口技术和多媒体技术的完美结合。窗口技术可以实现简单方便的屏幕操作，多媒体技术实现了语音和影像一体化的结合。通过多媒体技术与交互式电视（ITV）技术的结合，采用动态图形和图形符号来代替静态的文字显示，并采用多媒体技术实现语音和影像一体化的操作和显示，可以完成电话、电视、电脑"三位一体"的综合功能，实现建筑的智能化。

任务 7.2　火灾自动报警系统

火灾自动报警系统是探测伴随火灾而产生的烟、光、温等参数，早期发现火情并及时发出声、光等报警信号的系统，以便人们迅速组织疏散和灭火的一种建筑安全防火设施。

7.2.1　火灾自动报警系统的组成

火灾自动报警系统是由火灾探测器、火灾报警装置、火灾控制装置以及其他辅助装置组成，如图 7-1 所示。

其中，辅助设备包括消防末端设备联动控制系统、灭火控制系统、消防用电设备的双

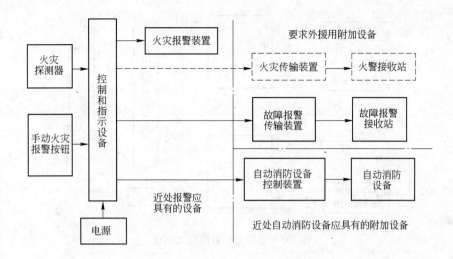

图 7-1　火灾自动报警系统组成图

电源配电系统、事故照明与疏散照明系统、紧急广播与通信系统等用于及时疏散人员、启动灭火系统、操作防火卷帘、防火门、防排烟系统、向消防队报警等。图中，实线表示系统中必须具备的设备和元件，虚线表示当要求完善程度高时可以设置的设备和元件。

7.2.2　火灾自动报警系统的分类

根据工程建设的规模、保护对象的性质、火灾报警区域的划分和消防管理机制的组织形式，火灾自动报警系统可以分为区域报警系统、集中报警系统和控制中心报警系统三类。

（1）区域报警系统。区域报警系统包括探测器、手动报警按钮、区域火灾报警控制器、火灾报警装置和电源等部分，其基本构成如图 7-2 所示。

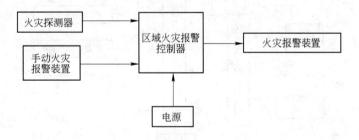

图 7-2　区域报警系统基本构成

这种自动报警系统比较简单，但使用很广泛，例如行政事业单位、工矿企业的要害部门和娱乐场所均可使用。

（2）集中报警系统。集中报警系统由一台集中报警控制器、两台以上的区域报警控制器、火灾警报装置和电源组成，其基本构成如图 7-3 所示。

高层宾馆、饭店、大型建筑群一般使用的都是集中报警系统。集中报警控制器设在消防控制室里，区域报警器设在各层的服务台处。

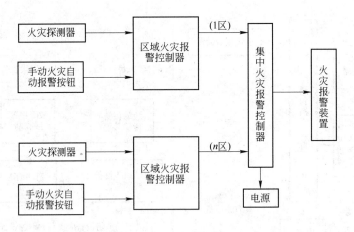

图 7-3　集中报警系统基本构成

（3）控制中心报警系统。控制中心报警系统除了集中报警控制器、区域报警控制器、火灾探测器外，在消防控制室内增加了消防联动控制设备。被联动控制的设备包括火灾报警装置、火警电话、火灾应急照明、火灾应急广播、防排烟、通风空调、消防电梯和固定灭火控制装置等，其基本构成如图 7-4 所示。也就是说，集中报警系统加上联动的消防控制设备就构成控制中心报警系统。控制中心报警系统主要用于大型宾馆、饭店、商场、办公室、大型建筑群和大型综合楼等。

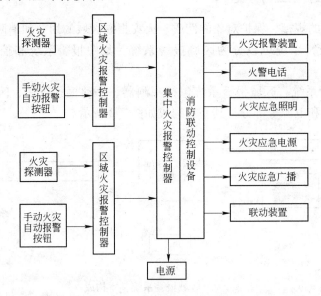

图 7-4　控制中心报警系统基本构成

7.2.3　火灾探测器的种类和布置

火灾探测器是一种能够自动发出火情信号的器件，主要有感烟式、感温式、感光式三种，还有可燃气体探测器等。

感烟探测器有离子感烟探测器和光电感烟探测器两种，具有较好的报警功能，适用于火灾的前期和早期报警。以下场所不适宜采用：正常情况下多烟或多尘的场所、存放火药或汽油等发火迅速的场所；安装场所高度大于 20m、烟不易到达的场所；维护管理十分困难的场所。

感光探测器也称火焰探测器，有红外火焰型和紫外火焰型之分，可以在一定程度上克服感烟探测器的上述缺点，但报警时已经造成一定的物质损失，而且当附近有过强的红外或紫外光源时，可导致探测器工作不稳定。故只适宜在固定场合下使用。

感温探测器不受非火灾性烟尘雾气等干扰，当火灾形成一定温度时工作比较稳定，适于火灾早期、中期报警。凡是不可能使用感烟探测器、非爆炸性的，并允许产生一定损失的场所，都可应用这种探测器。

可燃气体火灾探测器有铂丝型、铂钯型和半导体型之分，主要用于易燃易爆场合的可能泄漏的可燃气体检测。

火灾探测器布置与探测器的种类、建筑防火等级及布置特点等多种因素有关。一般规定，探测区域内的每个房间至少应布置一个探测器。感烟、感温火灾探测器的保护面积和保护半径，与房间的面积、高度及屋顶坡度有关，最大安装间距与探测器的保护面积有关。

7.2.4　火灾报警控制器

火灾报警控制器也称火灾自动报警控制器，是建筑消防系统的核心部分。是将报警与控制融为一体，除了具有控制、记忆、识别和报警功能外，还具有自动检测、联动控制、打印输出、图形显示、通信广播等功能。控制器功能的多少反映出火灾自动报警系统的技术构成、可靠性、稳定性和性能价格比等因素，是评价火灾自动报警系统先进与否的一项重要指标。

任务 7.3　综合布线系统

7.3.1　综合布线的概念

综合布线是一个模块化、灵活性极高的建筑物内或建筑群之间的信息传输通道，是智能建筑的"信息高速公路"。它既能使语音、数据、图像设备和交换设备与其他信息管理系统彼此相连，也能使这些设备与外部通信网相连接。一个设计良好的综合布线对其服务的设备应具有一定的独立性，并能互连许多不同应用系统的设备，如模拟式或数字式机的公共系统设备，也能支持图像（电视会议、监视电视）。

7.3.2　综合布线系统的特点

（1）综合布线系统的性能特点。

1）综合性、兼容性好。综合布线系统以一套标准电缆系统满足语音、数据和图像传输要求，并可应用于综合业务数字网，能够实行综合的语音通信、数据通信和图像通信。可将多种设备终端插头插入标准信息插座内，即任一信息插座能够连接不同类型的设备，使用非常灵活。它可以把原来互不兼容、分散的系统，如计算机系统、终端机系统、通信系统、建筑自动化系统等综合在一个布线少、系统大的网络结构内，能兼容各厂家的语言、数据设备以及图像设备，只要在插座出口配上适当的适配器，就可以支持国际上许多厂家的产品。

2）灵活性、适应性强。综合布线系统是根据话音、数据和图像等不同信号的要求和特点，经过统一规划设计，将其综合在一套标准化的系统中，并备有适应各种终端设备和开放式网络结构的布线部件及接续设备，能完成不同带宽、不同速率和不同码型的信息传输任务，在综合布线系统中任一信息点都能够连接不同类型的终端设备，因此综合布线系统的灵活性和适应性都很强，实用方便，而且节省基本建设投资和维护费用。

3）可扩充性好。综合布线系统是采用积木式的标准件和模块化设计，在将来有发展时很容易扩充，具有超前性，能够适应建筑物内目前尚无而将来才有的各种更先进的设备。例如计算机或通信设备，不必增加或变更布线系统，只要配上合适的适配器即可。

综合布线系统为所有话音、数据和图像设备提供了一套实用、灵活、可扩展的模块化介质通路。用户可根据自己的需要和实际情况，将各弱电系统分布实施，在实施某一子系统时，只需将该系统的主机和终端直接挂在综合布线系统上即可。

4）可适应用途的变更。综合布线系统任意一个标准的信息插座能够连接不同类型的设备终端，如计算机、打印机、电话机、传真机等，非常灵活，可移性较强。例如，某插座原来接的是电话机，现在要改接计算机或别的功能设备，立即可以更换，也不必另敷线路。当用户需要变更办公空间、搬动办公室或设备升级更新时，可自行在配线架上进行简单灵活的跳线，即可改变系统的组成和服务功能，不需要重新敷设新缆线和安装新插座。

5）便于设计施工。由于综合布线系统的所有接插件都是模块化的标准件，采用标准统一形式布线，使用相同的电缆、配线架及插座，而且对各厂家的语音、数据设备均可兼容。因此无论布线系统多么复杂、庞大，不再需要与不同的厂商进行布线工程的协调，也不再需要为不同的设备准备不同配线零件以及复杂的线路标识与管理线路图。这就使得系统的设计、施工和管理大为简化。

（2）综合布线系统的技术特点。根据综合布线系统的性能特点可知，综合布线系统的结构应是开放式的结构，应能支持电话及多种计算机数据系统，应能支持会议电视、监视电视等系统，还应能支持当前普遍采用的各种局部网的需要。因此综合布线系统应采用星型拓扑结构，该结构下的工作站是由中心节点向外增设，各条分支子系统都是相互独立的，对每个分支单元系统进行改建或扩建时都不影响其他子系统。只要改变节点连接，就可使网络的星型、总线型、环型等各种类型网络之间进行转换。

（3）综合布线系统的经济特点。综合布线系统各个部分都采用高质量的材料和标准化部件，并经严格检查测试和安装施工，保证整个系统在技术性能上优良可靠，完全可以满足目前和今后通信需要。由于综合布线系统将分散的专业布线系统综合到统一的、标准化信息网络系统中，减少了布线系统的缆线品种和设备数量，简化了信息网络结构，统一了日常维护管理，大大减少了维护工作量，节约了维护管理费用。因此，采用综合布线系统虽然初次投资较多，但从总体上看符合技术先进、经济合理的要求。

7.3.3 综合布线系统的组成

（1）工作区子系统。工作区子系统如图 7-5 所示，它包括装配软线、连接器和连接所需的扩展软线，并在终端设备和输入/输出（I/O）之间搭接。相当于电话配线系统中连接话机的用户线及话机终端部分。

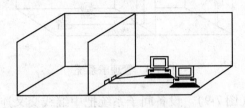

图 7-5 工作区子系统

（2）配线（水平）子系统（图 7-6）。配线子系统将干线子系统线路延伸到用户工作区，相当于电话配线系统中配线电缆或连接到用户出线盒的用户线部分。水平子系统包括各楼层水平走向的信息传输线缆，根据大楼平面布置及电缆线槽走向来敷设水平双绞线。

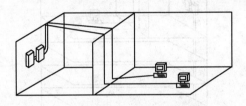

图 7-6 配线（水平）子系统

（3）干线（垂直）子系统。干线子系统即设备间和楼层配线间之间的连接线缆，采用大对数双绞电缆或光缆，两端分别接在设备间和楼层配线间的配线架上，如图 7-7 所示。

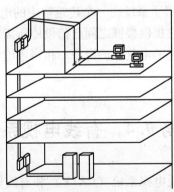

图 7-7 干线（垂直）子系统

（4）管理子系统。管理子系统主要为连接其他子系统提供连接手段，相当于电话配线系统中每层配线箱或电话分线盒部分，如图 7-8 所示。管理子系统由交连、互连配线架组成。管理点主要功能是为连接水平子系统以及垂直子系统提供连接手段。交连和互连允许将通信线路定位或重定位到建筑物的不同部位，以便能更容易地管理通信线路，使用移动终端设备时能方便地进行插拔。

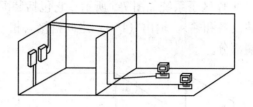

图 7-8　管理子系统

（5）设备间子系统（图 7-9）。设备间子系统把中继线交叉连接处和布线交叉连接处连接到公用系统设备上。由设备中的电缆、连接器和相关支撑硬件组成，它把公共系统设备的各种不同设备相互连接起来。相当于电话配线系统中的站内配线设备及电缆、导线连接部分。

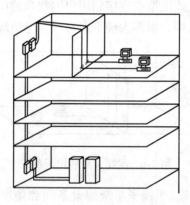

图 7-9　设备间子系统

（6）建筑群子系统。建筑群子系统由一个建筑物中的电缆延伸到建筑群的另外一些建筑物中的通信设备和装置上，它提供楼群之间通信设施所需的硬件。其中有电缆、光缆和防止电缆的浪涌电压进入建筑物的电气保护设备。相当于电话配线系统中的重点电缆保护箱及各建筑物之间的干线电缆。

任务 7.4　有线电视系统

有线电视系统分为共用天线电视系统（CATV）和有线电视邻频系统。共用天线电视系统是以接收开路信号为主的小型系统，功能较少，其传输距离一般在 1km 以内，适用于一栋或几栋楼宇；有线电视邻频系统由于采用了自动电平控制技术，干线放大器的输出电平是稳定的，传输距离可达 15km 以上，适用于大、中、小各种系统。在城市，今后的发展方向为有线电视邻频系统，但是在资金缺乏地区，共用天线电视系统（CATV）仍然占有优势。习惯上，人们仍然称有线电视系统为共用天线电视系统。

7.4.1　有线电视系统的组成

有线电视系统的组成，与接收地区的场强、楼房密集程度和分布、配接电视机的多少、接收和传送电视频道的数目等因素有关。它由前端设备、干线和传输分配系统三部分组成，如图 7-10 所示。

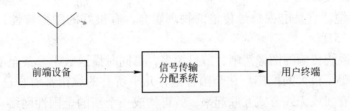

图 7-10　有线电视基本组成框图

7.4.2　有线电视系统前端部分

前端部分主要包括电视接收天线、频道放大器、频率变换器、自播节目设备、卫星电视接收设备、导频信号发生器、调制器、混合器以及连接线电缆等。CATV 系统的前端主要作用有如下几个方面：

（1）将天线接收的各频道电视信号分别调整至一定电平值，经混合后送入干线；

（2）必要时将电视信号变换成另一频道的信号，然后按这一频道信号进行处理；

（3）向干线放大器提供用于自动增益控制和自动频率控制的导频信号；

（4）自播节目通过调制器成为某一频道的电视信号而进入混合器；

（5）卫星电视接收设备输出的视频信号通过调制器成为某一频道的电视信号进入混合器；

（6）为 CATV 系统的前端设备和系统中的线路放大器提供直流稳压电源。

7.4.3　有线电视系统干线部分

干线部分是把前端输出的高质量信号尽可能地传送给用户分配系统的双向传输系统。一般在较大型的 CATV 系统或有线电视网络中才有较长的干线部分。如一个小区的多栋建筑物共用一套前端，自前端至各建筑物的传输部分为干线。干线距离较长，为了保证末端信号有足够高的电平，需加入干线放大器以补偿传输电缆的信号衰减。小型CATV 系统可不包括干线部分，而直接由前端和分支分配网络构成。传输干线可用同轴电缆或光缆，光缆在长距离传输电视信号时的性能远优于同轴电缆，往往用于长距离传输干线或有线电视网络的主干线建设，但在传输光缆的两端需增加电/光和光/电转换设备。

7.4.4　有线电视系统传输分配系统

CATV 的传输分配系统又称为用户系统，它由分配、分支网络构成，主要包括放大器、分配器、分支器、系统输出端及电缆线路等。

（1）分配器。它的作用是把一路电缆的信号分配到多路电缆中去传输，常用的分配器有二分配器、三分配器、四分配器和六分配器。

（2）分支器。它用来从传输线路上分出电视信号，供给终端用户。常用的有二分支器、四分支器、六分支器和串接一分支器。

（3）用户终端。用户终端是一个特性阻抗为 75Ω 的同轴电缆插座，是用户将电视机接入 CATV 系统的接口。

（4）同轴电缆。它是电视信号传输的物理媒介，有很好的频率特性，抗干扰能力较强，特性阻抗为 75Ω。

由于 CATV 系统传输的图像清晰，节目源多，可同时播送数十套甚至上百套节目而互不干扰，因而获得了极大的推广。在全国各地，几乎所有的城市都有自己的 CATV 网络，而将这些网络用有线或无线方式互联起来，就可构成一个新的全国性网络。目前，大多数 CATV 网络系统还是单向传输的、广播式的网络，而将 CATV 网络改造成能双向传输信号的交互式网络，可以构成一种新的信息高速公路。

任务 7.5　楼宇自动化系统

7.5.1　楼宇自动化系统概述

楼宇自动化系统（BAS）是将建筑物（或建筑群）内的电力、照明、空调、运输、防灾、保安、广播等设备以集中监视、控制和管理为目的而构成的一个综合系统。它使建筑物成为安全、健康、舒适、温馨的生活环境和高效的工作环境，并能保证系统运行的经济性和管理的智能化。

楼宇自动化系统采用的是基于现代控制理论的集散型计算机控制系统，也称分布式控制系统。它的特征是"集中管理分散控制"，即用分布在现场被控设备处的微型计算机控制装置完成被控设备的实时检测和控制任务，克服了计算机集中控制带来的危险性高度集中的不足和常规仪表控制功能单一的局限性。安装于中央控制室的中央管理计算机具有 CRT 显示、打印输出、丰富的软件管理和很强的数字通信功能，能完成集中操作、显示、报警、打印与优化控制等任务，避免了常规仪表控制分散后人机联系困难、无法统一管理的缺点，保证设备在最佳状态下运行。

建筑设备自动化系统的基本功能：

（1）自动监视并控制各种机电设备的起、停、显示或打印当前运转状态。

（2）自动检测、显示、打印各种机电设备的运行参数及其变化趋势或历史数据。

（3）根据外界条件、环境因素、负载变化情况自动调节各种设备，使之始终运行于最佳状态。

（4）监测并及时处理各种意外、突发事件。

（5）实现对大楼内各种机电设备的统一管理、协调控制。

（6）能源管理。水、电、气等的计量收费，实现能源管理自动化。

（7）设备管理。包括设备档案、设备运行报表和设备维修管理等。

7.5.2 楼宇自动化系统的组成

楼宇自动化系统目的是控制建筑内部的各种机电设备，为建筑创建舒适的人工环境，方便人们对于楼内运行的机电设备的管理，最大限度地节约和利用能源。楼宇自控系统分为新风、空调系统控制、冷冻水系统控制、供热系统控制、给排水系统控制、灯光系统控制、电力系统监视等项目，它们形成了一个完整的控制体系。

楼宇自动化系统一般是由现场传感器、执行器、控制器及监控工作站组成，其中传感器和执行器被安装于现场负责收集数据和完成控制器发出的命令。控制器成为集散式数字控制器（DDC），它们分布于建筑内部各区域，通过总线方式连接成一个控制器网络。控制器通过与它连接的传感器和执行器来负责本区域设备的监控工作，控制器本身有中央处理器（CPU）可以按事先编制的程序运行，以完成控制任务。监控工作站可有一个也可以有多个，当有多个监控工作站时，它们自己形成一个网络。监控工作站与控制器网络相连接，通过图形控制软件和数据库管理软件作为界面实现人对整个系统的管理。

楼宇自控系统的优点：

（1）创建舒适的人工环境。楼宇自控系统可按人们的要求自动调节建筑内部的温度、湿度、空气质量、灯光照度及相关设备的运行，创建一个舒适的人工环境，保证人们的健康。

（2）有效地节约能源。由于楼宇自控系统可以根据建筑内外环境自动调节，使所有设备的运行在满足人们需求条件下以节能方式运行，这样可比不用自控系统的建筑节能 30%。

（3）提高管理效率，方便人们管理。楼宇自控系统按程序自动操纵建筑内的机电设备，一般不需要人直接在现场操作，如果需干涉系统运行可以通过修改程序或使用监控工作站控制设备的方式进行，对于设备的异常情况，自控系统可以自动报警。

7.5.3 楼宇自动化系统的控制方式

楼宇设备自动化系统的控制方式经历了四个阶段：

第一代：CCMS 中央监控系统（20 世纪 70 年代）。BAS 从仪表系统发展成计算机系统，采用计算机键盘和 CRT 构成中央站，打印机代替了记录仪表，散设于建筑物各处的信息采集站 DGP（连接着传感器和执行器等设备）通过总线与中央站连接在一起组成中央监控型自动化系统。DGP 分站的功能只是上传现场设备信息，下达中央站的控制命令。一台中央计算机操纵着整个系统的工作。中央站采集各分站信息，做出决策，完成全部设备的控制；中央站根据采集的信息和能量计测数据完成节能控制和调节。

第二代：DCS 集散控制系统（20 世纪 80 年代）。随着微处理技术的发展和成本降低，DGP 分站安装了 CPU，发展成直接数字控制器 DDC。配有微处理机芯片的 DDC 分站，可以独立完成所有控制工作，具有完善的控制、显示功能，进行节能管理，可以连接打印机、安装人机接口等。BAS 由 4 级组成，分别是现场、分站、中央站、管理系统。集散系统的主要特点是只有中央站和分站两类接点，中央站完成监视，分站完成控制，分站完全自治，与中央站无关，保证了系统的可靠性。

第三代：开放式集散系统（20 世纪 90 年代）。随着现场总线技术的发展，DDC 分站连接传感器、执行器的输入输出模块，应用 Lonwork 现场总线，从分站内部走向设备现场，形成分布式输入输出现场网络层，从而使系统的配置更加灵活。BAS 控制网络就形成了 3 层结构，分别是管理层（中央站）、自动化层（DDC 分站）和现场网络层（LON）。

第四代：网络集成系统（21 世纪）。随着企业网 Intranet 建立，建筑设备自动化系统必然采用 Web 技术，并力求在企业网中占据重要位置，BAS 中央站嵌入 Web 服务器，融合 Web 功能，以网页形式为工作模式，使 BAS 与 Intranet 成为一体系统。

复习思考题

7-1　简述智能建筑的基本功能。

7-2　简述智能建筑的建设目标。

7-3　简述智能建筑的特点。

7-4　智能建筑的核心技术包括哪些？

7-5　简述火灾自动报警系统的组成。

7-6　简述火灾自动报警系统的分类。

7-7　简述综合布线的概念。

7-8　简述综合布线系统的特点。

7-9　简述有线电视系统的组成。

7-10　简述建筑设备自动化系统的基本功能。

7-11　简述楼宇自控系统的优点。

附　　录

附录1　《生活饮用水卫生标准》（GB 5749—2006）

附表1　水质常规指标及限值

指　标	限　值
1. 微生物指标[①]	
总大肠菌群/MPN·(100mL)$^{-1}$或 CFU·(100mL)$^{-1}$	不得检出
耐热大肠菌群/MPN·(100mL)$^{-1}$或 CFU·(100mL)$^{-1}$	不得检出
大肠埃希氏菌/MPN·(100mL)$^{-1}$或 CFU·(100mL)$^{-1}$	不得检出
菌落总数/CFU·mL^{-1}	100
2. 毒理指标	
砷/mg·L^{-1}	0.01
镉/mg·L^{-1}	0.005
铬（六价）/mg·L^{-1}	0.05
铅/mg·L^{-1}	0.01
汞/mg·L^{-1}	0.001
硒/mg·L^{-1}	0.01
氰化物/mg·L^{-1}	0.05
氟化物/mg·L^{-1}	1.0
硝酸盐（以 N 计）/mg·L^{-1}	10 地下水源限制时为20
三氯甲烷/mg·L^{-1}	0.06
四氯化碳/mg·L^{-1}	0.002
溴酸盐（使用臭氧时）/mg·L^{-1}	0.01
甲醛（使用臭氧时）/mg·L^{-1}	0.9
亚氯酸盐（使用二氧化氯消毒时）/mg·L^{-1}	0.7
氯酸盐（使用复合二氧化氯消毒时）/mg·L^{-1}	0.7
3. 感官性状和一般化学指标	
色度（铂钴色度单位）	15
浑浊度（散射浑浊度单位）（NTU）	1 水源与净水技术条件限制时为3
臭和味	无异臭、异味
肉眼可见物	无

指　　标	限　　值
pH	不小于 6.5 且不大于 8.5
铝/mg·L^{-1}	0.2
铁/mg·L^{-1}	0.3
锰/mg·L^{-1}	0.1
铜/mg·L^{-1}	1.0
锌/mg·L^{-1}	1.0
氯化物/mg·L^{-1}	250
硫酸盐/mg·L^{-1}	250
溶解性总固体/mg·L^{-1}	1000
总硬度（以 CaCO$_3$ 计）/mg·L^{-1}	450
耗氧量（COD$_{Mn}$法，以 O$_2$ 计）/mg·L^{-1}	3 水源限制，原水耗氧量 >6mg/L 时为 5
挥发酚类（以苯酚计）/mg·L^{-1}	0.002
阴离子合成洗涤剂/mg·L^{-1}	0.3
4. 放射性指标[②]	指导值
总 α 放射性/Bq·L^{-1}	0.5
总 β 放射性/Bq·L^{-1}	1

① MPN 表示最可能数；CFU 表示菌落形成单位。当水样检出总大肠菌群时，应进一步检验大肠埃希氏菌或耐热大肠菌群；水样未检出总大肠菌群，不必检验大肠埃希氏菌或耐热大肠菌群。

② 放射性指标超过指导值，应进行核素分析和评价，判定能否饮用。

附表 2　饮用水中消毒剂常规指标及要求

消毒剂名称	与水接触时间	出厂水中限值 /mg·L^{-1}	出厂水中余量 /mg·L^{-1}	管网末梢水中余量 /mg·L^{-1}
氯气及游离氯制剂（游离氯）	≥30min	4	≥0.3	≥0.05
一氯胺（总氯）	≥120min	3	≥0.5	≥0.05
臭氧（O$_3$）	≥12min	0.3		0.02 如加氯，总氯≥0.05
二氧化氯（ClO$_2$）	≥30min	0.8	≥0.1	≥0.02

附表 3　水质非常规指标及限值

指　　标	限　　值
1. 微生物指标	
贾第鞭毛虫/个·（10L）$^{-1}$	<1
隐孢子虫/个·（10L）$^{-1}$	<1
2. 毒理指标	

指　　标	限　值
锑/mg·L⁻¹	0.005
钡/mg·L⁻¹	0.7
铍/mg·L⁻¹	0.002
硼/mg·L⁻¹	0.5
钼/mg·L⁻¹	0.07
镍/mg·L⁻¹	0.02
银/mg·L⁻¹	0.05
铊/mg·L⁻¹	0.0001
氯化氰(以 CN⁻ 计)/mg·L⁻¹	0.07
一氯二溴甲烷/mg·L⁻¹	0.1
二氯一溴甲烷/mg·L⁻¹	0.06
二氯乙酸/mg·L⁻¹	0.05
1,2-二氯乙烷/mg·L⁻¹	0.03
二氯甲烷/mg·L⁻¹	0.02
三卤甲烷（三氯甲烷、一氯二溴甲烷、二氯一溴甲烷、三溴甲烷的总和）	该类化合物中各种化合物的实测浓度与其各自限值的比值之和不超过 1
1,1,1-三氯乙烷/mg·L⁻¹	2
三氯乙酸/mg·L⁻¹	0.1
三氯乙醛/mg·L⁻¹	0.01
2,4,6-三氯酚/mg·L⁻¹	0.2
三溴甲烷/mg·L⁻¹	0.1
七氯/mg·L⁻¹	0.0004
马拉硫磷/mg·L⁻¹	0.25
五氯酚/mg·L⁻¹	0.009
六六六（总量）/mg·L⁻¹	0.005
六氯苯/mg·L⁻¹	0.001
乐果/mg·L⁻¹	0.08
对硫磷/mg·L⁻¹	0.003
灭草松/mg·L⁻¹	0.3
甲基对硫磷/mg·L⁻¹	0.02
百菌清/mg·L⁻¹	0.01
呋喃丹/mg·L⁻¹	0.007
林丹/mg·L⁻¹	0.002
毒死蜱/mg·L⁻¹	0.03
草甘膦/mg·L⁻¹	0.7
敌敌畏/mg·L⁻¹	0.001

指　标	限　值
莠去津/mg·L^{-1}	0.002
溴氰菊酯/mg·L^{-1}	0.02
2,4-滴/mg·L^{-1}	0.03
滴滴涕/mg·L^{-1}	0.001
乙苯/mg·L^{-1}	0.3
二甲苯（总量)/mg·L^{-1}	0.5
1,1-二氯乙烯/mg·L^{-1}	0.03
1,2-二氯乙烯/mg·L^{-1}	0.05
1,2-二氯苯/mg·L^{-1}	1
1,4-二氯苯/mg·L^{-1}	0.3
三氯乙烯/mg·L^{-1}	0.07
三氯苯（总量)/mg·L^{-1}	0.02
六氯丁二烯/mg·L^{-1}	0.0006
丙烯酰胺/mg·L^{-1}	0.0005
四氯乙烯/mg·L^{-1}	0.04
甲苯/mg·L^{-1}	0.7
邻苯二甲酸二（2-乙基己基)酯/mg·L^{-1}	0.008
环氧氯丙烷/mg·L^{-1}	0.0004
苯/mg·L^{-1}	0.01
苯乙烯/mg·L^{-1}	0.02
苯并（a）芘/mg·L^{-1}	0.00001
氯乙烯/mg·L^{-1}	0.005
氯苯/mg·L^{-1}	0.3
微囊藻毒素-LR/mg·L^{-1}	0.001
3. 感官性状和一般化学指标	
氨氮（以 N 计)/mg·L^{-1}	0.5
硫化物/mg·L^{-1}	0.02
钠/mg·L^{-1}	200

附表 4　小型集中式供水和分散式供水部分水质指标及限值

指　标	限　值
1. 微生物指标	
菌落总数/CFU·mL^{-1}	500
2. 毒理指标	
砷/mg·L^{-1}	0.05
氟化物/mg·L^{-1}	1.2

续附表4

指 标	限 值
硝酸盐（以 N 计）/mg·L^{-1}	20
3. 感官性状和一般化学指标	
色度（铂钴色度单位）	20
浑浊度（散射浑浊度单位）（NTU）	3 水源与净水技术条件限制时为5
pH	不小于6.5且不大于9.5
溶解性总固体/mg·L^{-1}	1500
总硬度（以 CaCO$_3$ 计）/mg·L^{-1}	550
耗氧量（COD$_{Mn}$法，以 O$_2$ 计）/mg·L^{-1}	5
铁/mg·L^{-1}	0.5
锰/mg·L^{-1}	0.3
氯化物/mg·L^{-1}	300
硫酸盐/mg·L^{-1}	300

附录2　《饮用净水水质标准》(CJ 94—2005)

项　目		限　值
感官性状	色	5 度
	浑浊度	0.5NTU
	臭和味	无异臭异味
	肉眼可见物	无
一般化学指标	pH	6.0~8.5
	总硬度（以 $CaCO_3$ 计）	300mg/L
	铁	0.20mg/L
	锰	0.05mg/L
	铜	1.0mg/L
	锌	1.0mg/L
	铝	0.20mg/L
	挥发性酚类（以苯酚计）	0.002mg/L
	阴离子合成洗涤剂	0.20mg/L
	硫酸盐	100mg/L
	氯化物	100mg/L
	溶解性总固体	500mg/L
	耗氧量（COD_{Mn}，以 O_2 计）	2.0mg/L
毒理学指标	氟化物	1.0mg/L
	硝酸盐氮（以 N 计）	10mg/L
	砷	0.01mg/L
	硒	0.01mg/L
	汞	0.001mg/L
	镉	0.003mg/L
	铬（六价）	0.05mg/L
	铅	0.01mg/L
	银（采用载银活性炭时测定）	0.05mg/L
	氯仿	0.03mg/L
	四氯化碳	0.002mg/L
	亚氯酸盐（采用 ClO_2 消毒时测定）	0.70mg/L
	氯酸盐（采用 ClO_2 消毒时测定）	0.70mg/L
	溴酸盐（采用 O_3 消毒时测定）	0.01mg/L
	甲醛（采用 O_3 消毒时测定）	0.90mg/L

项　目		限　值
细菌学指标	细菌总数	50cfu/mL
	总大肠菌群	每100mL水样中不得检出
	粪大肠菌群	每100mL水样中不得检出
	余氯	0.01mg/L（管网末梢水）*
	臭氧（采用O$_3$消毒时测定）	0.01mg/L（管网末梢水）*
	二氧化氯（采用ClO$_2$消毒时测定）	0.01mg/L（管网末梢水）* 或余氯0.01mg/L（管网末梢水）*

注：表中带"＊"的限值为该项目的检出限，实测浓度应不小于检出限。

附录3 《城市污水再生利用—城市杂用水水质》
（GB/T 18920—2002）

序号	项目		冲厕	道路清扫、消防	城市绿化	车辆冲洗	建筑施工
1	pH		6.0~9.0				
2	色（度）	≤	30				
3	嗅		无不快感				
4	浊度（NTU）	≤	5	10	10	5	20
5	溶解性总固体/mg·L^{-1}	≤	1500	1500	1000	1000	—
6	五日生化需氧（BOD$_5$）/mg·L^{-1}	≤	10	15	20	10	15
7	氨氮/mg·L^{-1}	≤	10	10	20	10	20
8	阴离子表面活性剂/mg·L^{-1}	≤	1.0	1.0	1.0	0.5	1.0
9	铁/mg·L^{-1}	≤	0.3	—	—	0.3	—
10	锰/mg·L^{-1}	≤	0.1	—	—	0.1	—
11	溶解氧/mg·L^{-1}	≥	1.0				
12	总余氯/mg·L^{-1}		接触30min后≥1.0，管网末端≥0.2				
13	总大肠菌群/个·L^{-1}	≤	3				

参 考 文 献

[1] 岳秀萍. 建筑给水排水工程[M]. 北京：中国建筑工业出版社，2011.

[2] 高明远，岳秀萍. 建筑设备工程[M]. 北京：中国建筑工业出版社，2005.

[3] 王丽. 建筑设备[M]. 大连：大连理工大学出版社，2010.

[4] 陈思荣，赵岐华. 建筑设备与识图[M]. 北京：冶金工业出版社，2010.

[5] 祝健. 建筑设备工程[M]. 合肥：合肥工业大学出版社，2007.

[6] 崔莉. 建筑设备[M]. 北京：机械工业出版社，2001.

[7] 卜宪华. 物业设备设施维护与管理[M]. 北京：高等教育出版社，2003.

[8] 王青山，王丽. 建筑设备[M]. 北京：机械工业出版社，2009.

[9] 蔡秀丽. 建筑设备工程[M]. 北京：科学出版社，2005.

[10] 徐乐中，等. 建筑设备工程设计与安装[M]. 北京：化学工业出版社，2008.

[11] 阎俊爱. 智能建筑技术与设计[M]. 北京：清华大学出版社，2005.

[12] 伍培. 物业设备设施与管理[M]. 重庆：重庆大学出版社，2005.

[13] 姜湘山. 怎样看懂建筑设备图[M]. 北京：机械工业出版社，2003.

[14] 焦永达. 市政公用工程管理与实务[M]. 北京：中国建筑工业出版社，2007.

[15] 张晓华，魏晓安. 物业智能化管理[M]. 武汉：华中科技大学出版社，2006.

[16] 谢社初，刘玲. 建筑电气工程[M]. 北京：机械工业出版社，2005.

冶金工业出版社部分图书推荐

书　名	作　者	定价(元)
冶金建设工程	李慧民　主编	35.00
建筑工程经济与项目管理	李慧民　主编	28.00
建筑施工技术(第2版)(国规教材)	王士川　主编	42.00
现代建筑设备工程(第2版)(本科教材)	郑庆红　等编	59.00
高层建筑结构设计(本科教材)	谭文辉　主编	39.00
土木工程材料(本科教材)	廖国胜　主编	40.00
混凝土及砌体结构(本科教材)	王社良　主编	41.00
土力学与基础工程(本科教材)	冯志焱　主编	28.00
建筑安装工程造价(本科教材)	肖作义　主编	45.00
土木工程施工组织(本科教材)	蒋红妍　主编	26.00
施工企业会计(第2版)(国规教材)	朱宾梅　主编	46.00
水污染控制工程(第3版)(国规教材)	彭党聪　主编	49.00
流体力学及输配管网(本科教材)	马庆元　主编	49.00
土木工程概论(第2版)(本科教材)	胡长明　主编	32.00
建筑施工实训指南(本科教材)	韩玉文　主编	28.00
建筑概论(本科教材)	张　亮　主编	35.00
居住建筑设计(本科教材)	赵小龙　主编	29.00
SAP2000结构工程案例分析	陈昌宏　主编	25.00
建筑结构振动计算与抗振措施	张荣山　著	55.00
理论力学(本科教材)	刘俊卿　主编	35.00
岩石力学(高职高专教材)	杨建中　主编	26.00
地质灾害治理工程设计	门玉明　编著	65.00
岩土材料的环境效应	陈四利　等编著	26.00
混凝土断裂与损伤	沈新普　等著	15.00
建设工程台阶爆破	郑炳旭　等编	29.00
计算机辅助建筑设计	刘声远　编著	25.00
建筑施工企业安全评价操作实务	张　超　主编	56.00
冶金建筑工程施工质量验收规范 （YB 4147—2006 代替 YBJ 232—1991）		96.00
现行冶金工程施工标准汇编(上册)		248.00
现行冶金工程施工标准汇编(下册)		248.00